JN026686

分析が導く
最新
SEO
Practical Guide
プラクティカル
ガイド

INFORMATION

TRANSACTION

NAVIGATION

ACTION

LOYALITY

野澤洋介 著

技術評論社

はじめに

　本書では企業のオンラインマーケティング担当者や、顧客にオンラインマーケティング支援を提供するエージェンシーの担当者に向けて、SEOを軸にした具体的かつ効率的なプロモーションの方法を解説しています。

　一般的なツールや市販のツール(SE Ranking)を使ったデータの抽出方法、分析方法についても説明していますが、各種ツールの基本的な導入方法については本書では取り扱いません。

　本書を読み進める前に、ご自身で担当するウェブサイトに関して、Google アナリティクスや Search Console、Google 広告プラットフォームの設定は完了させておきましょう。

　例えば、Google アナリティクスはアカウント作成だけでなく、目標を設定して CV を計測が可能な状態に、またそれぞれのツール同士でデータを共有できるように連携のための設定も完了させておきましょう。

　また、本書をご購入いただいた方限定の特典として、市販のオンラインマーケティングプラットフォームの SE Ranking 主要機能を3か月間無料でご利用いただくことができます。

1 技術評論社のウェブの、以下のページにアクセスし、「本書のサポートページ」をクリックして開き、本書の読者を確認するための質問にお答えください。

https://gihyo.jp/book/2022/978-4-297-12828-9

2 SE Ranking の無料アカウント作成ページが表示されます。ページを少しスクロールして、ログインに必要な「お名前」「パスワード」「E メールアドレス」を入力して、「あなたの SE Ranking アカウントを有効化」ボタンをクリックしてください。

最初の設定操作手順については以下のページをご覧ください。

https://help.seranking.com/jp/getting-started/

Contents
目次

第 **3** 章 自身のウェブサイトの
現状と課題を把握する　　57

第10章　被リンクの獲得と活用方法　225

第11章　検索順位の計測方法と改善施策　243

第 **12** 章　そのほか定期的に監視すべき
指標と施策への応用　　　279

第13章 初期の計画達成後の取り組み

第 1 章

商品とユーザーの現状を
分析する

SEOや検索広告だけに関わらず、商品やターゲット層を分析して把握することはマーケティングの基本です。
SEOを行う前に、プロモーション対象商品に関連する市場の状況を詳しく把握しましょう。

担当するビジネスの特徴を把握する

SEOはこれを行えば絶対にうまくいくという方法はありません。Googleが提供するガイドラインや多くのベストプラクティスを基にビジネスに最も適した施策を選択し、効率的にウェブサイトを運用していくことが重要です。

ビジネスの種類によって対象となる顧客の傾向は異なる

　一般的にSEOと言えば、検索クエリによるページの最適化やキーワードを含んだコンテンツの大量作成などを思い浮かべてしまうかもしれません。

　これらの手法はインターネット上にコンテンツがまだ少ない10年以上前の時代であれば通用したかもしれませんが、手法自体は誰でも取り組むことができるくらいに一般的に知られるようになり、現在では労力に見合うほどの成果は期待できなくなっています。

　スマートフォンでもデスクトップでもオーガニック検索結果の1ページ目に表示されるページは10件以内（ニュース枠などが表示されると変化する）ですので、そのクエリを狙う競合が増えれば増えるほど競争は熾烈になります。

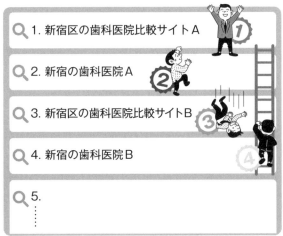

> **MEMO**
> オーガニック検索結果とは、検索エンジン上でクエリを入力して検索した際に表示される検索結果のうち、広告や特殊な掲載枠を除いた部分を意味します。検索エンジンのアルゴリズムはクエリとページとの関連度を評価し、順位付けを行います。

　上位に掲載されている競合ページは、その分野の専門知識を持っていて、検索ユーザーからの信頼も高いだけでなく、SEOの知識も十分に持っています。

仮に作成したコンテンツが一時的に上位掲載されたとしても、あなたの関わる組織がその検索クエリに関する分野において専門的な知識を持ち合わせていない場合、また、専門家ではない場合は、継続的に情報を更新することができず、作成したコンテンツを放置してしまい、いずれは検索上位から脱落してしまいます。

これからのSEOは、対象となるビジネスを理解し、適したプロモーション方法を選択し、時間と労力が無駄にならないように効率的に進めて行くことが大切です。

マーケットや競争相手、顧客、対象の商品やサービスの情報をきちんと整理していない状態では、効果的なプロモーションを実施できません。

まずは以下の点を整理して、適切なプロモーションを選択するためにプロモーション対象のビジネスを正確に把握しましょう。

- ▶ 商品やサービスの提供エリア（特定の地域　または 日本全国）
- ▶ 自社商品のみを扱っているウェブサイト
- ▶ 様々な企業の商材を扱うウェブサイト

商品やサービスの提供エリアが（例えば東京であれば墨田区や台東区など）特定の地域に限定されている場合には、ローカルビジネスと言えます。

ショッピングサイトの場合は、その企業が開発した商品のみを扱っているのか、それとも様々な企業の商材を扱っているのかによって、プロモーションの方法は異なるでしょう。

自身のビジネスがローカルビジネスなのか、それとも日本全国に対応したショッピングサイトなのか、独自のプロダクトを開発して全国に商品やサービスを提供するためのウェブサイトなのかを理解した上で、現状を分析していきましょう。

ローカルビジネスとは？

ローカルビジネスとは、特定の地域でサービスや商品を提供するビジネスです。歯科医、税理士、スポーツ施設、教室、飲食店などが代表的です。

ショッピングサイトとは？

ショッピングサイトは、そのウェブサイト上で直接商品やサービスを購入できるウェブサイトです。ECサイトとも言います。

Amazonや楽天のような大規模ショッピングモールのほか、特定のカテゴリに特化したメーカーの商品を豊富に取り扱うウェブサイト、そして自社オリジナル商品のみを扱うショッピングサイトがあります。

自身の商品の市場を分析する

競争が激しい市場をレッドオーシャンと呼び、競争が少ない新しい市場のことをブルーオーシャンと呼びます。まずは言葉の意味を理解しつつ、自身のビジネスが置かれている現在の市場の状態を正しく理解しましょう。

レッドオーシャンの特徴

　市場がレッドオーシャンの場合には、広告やSEOに対して費用を割り当てる競合が多く、価格競争も起こり、必然的に消耗戦になっていきます。

　商品が競合商品と比べて見込み客にとって魅力的かどうかは、プロモーションの成功にも大きく影響します。

　レッドオーシャンの場合には、検索ニーズを調べて効果的なクエリを対象に、検索広告やSEOを行うことになるでしょう。

　検索ボリュームが多ければそのクエリの需要は高く、上位表示されれば多くのトラフィックを獲得できます。一方で検索ボリュームのデータは誰でも取得できる情報のため、当然競合企業もその情報を把握しています。

　もちろんオンラインマーケティングに力を入れている競合であれば、検索順位や広告の状況もツールを活用して把握しているはずです。

　仮に効果的な検索クエリを見つけ、外部のライターに依頼して、コンテンツをキーワードに最適化して上位表示を実現したとしても、一過性の取り組みとなります。

　競合サイトはあなたのページが上位表示されたことに気が付き、どのような内容かを把握します。そして、最新の情報を含めた上でより優れたコンテンツを作成して対応してくることでしょう。

　あなたの作成したページの順位が下降した場合には、再び外部のライターに依頼して、最新の情報を含めてコンテンツを改善しなければならなくなり、このようなことの繰り返しとなります。

　検索広告においても同様に、競合が増えればクリック単価が上がっていく事になり、顧客獲得単価が想定より高くなっていきます。

ブルーオーシャンの特徴

　レッドオーシャンに対して、ブルーオーシャンという言葉があります。ブルーオーシャンは競合が全くいない新しい市場を作り出すことを意味します。ガラケーからスマートフォンへとモバイルデバイスが切り替わって大分経ちますが、AppleのiPhoneはブルーオーシャン戦略に該当するでしょう。

　ブルーオーシャン戦略では、市場の中で一般的に求められている機能や価格から、無駄な要素を省き、独自の付加価値を提供することで、既存の評価軸をずらして新たな市場を作り出します。

　ブルーオーシャン戦略の利点は、市場を独占した状態を保つことで、先行者利益を得られることです。後から、競合が出てきたとしても今までの評価が蓄積されているため、すぐに市場のシェアを大きく奪われることもありません。

　まだ世の中には無い画期的で新しい商品であれば、レッドオーシャンほどのコストをかけずに効率的なオンラインプロモーションを行うことができます。

ターゲット層を
具体的に定める

オンラインプロモーションを実施するにあたり、ターゲットとしている見込み客のイメージを具体的に持つことで、予め準備すべきタスクを整理して、企業内外のチームの意識を統一することができます。

ターゲット層が個人の場合

　ターゲット層が個人の場合と、企業の場合とでは最終的な目標（購入や申し込み）に到達するまでのプロセスが大きく異なります。

　ターゲット層と言うと、性別や年齢、職業、家族構成、地域、利用端末（デスクトップ または スマートフォン）といった属性が思い浮かびますが、これだけではイメージとしては不十分です。

1. 例えば、整髪料をインターネットで買う場合には、価格比較サイトを参考に、ショッピングサイトを複数見て価格を比較した上で購入します。
   情報収集の場合はスマートフォンで行い、購入の際は間違いが無いようにデスクトップを利用する場合もあります。
   平日の仕事中の時間よりも帰宅後の夜か、休日、祝日に注文する場合のほうが多いかもしれませんが、ここ数年はリモートワークも定着してきていることから、より複雑化してきているかもしれません。
2. 服や靴に関連するショッピングサイトの場合は、利用者の立場からするとはじめて注文する際には不安な点がたくさんあります。
   サイズが合わなかった場合に返品や交換に対応してもらえるかどうかだけでなく、その場合の具体的な手続きにかかる手間は一番気になるポイントかもしれません。
   そのため、一旦実際の店舗に訪れて試した後にオンラインで注文するケースも想定する必要があります。

　このように商品の種類や顧客の属性によっては、具体的なプロモーションの方法が異なってくるでしょう。

　ターゲットの年齢によっては、スマートフォンやデスクトップ検索を利用しないケースもあります。ウェブサイトを見ても文字が小さすぎて読めない場合や、クレジット

カード入力に対する抵抗感についても考慮が必要です。そもそもオンラインプロモーションに適していない層がいるということも認識した上で、必要であれば別のプロモーション方法を検討しましょう。

ターゲット層が企業の場合

ターゲット層が企業の場合には、企業規模によっては意思決定のプロセスに必要な資料や情報が異なります。

例えば、社長自身が物事を進めて行く比較的規模の小さい企業であれば、社長が利用者でもあり、決裁者にもなりますので、比較的シンプルです。

企業規模が大きくなると実際の利用者と決裁者、注文者が異なることもあります。

実際の利用者に対して商品やサービスの魅力を伝えるだけでなく、決済に必要な資料や情報をいつでもダウンロードできるようにすることや、注文者が戸惑わずに購入できるようにすること、困ったときに気軽に問い合わせができる窓口を準備しておくことを忘れてはいけません。

ターゲット層が何に困っていて、具体的にどのような情報を求めてどのようなクエリで検索しているかといった情報を含めてできる限り詳しく理解することは極めて重要です。

このようなターゲット層の行動に対して、その問題点を解決できるコンテンツや商品、サービスを提供し、満足度を高め、ロイヤルカスタマーを増やし、口コミでその評判が拡散していくためにはどうすれば良いかを突き詰めていく必要があります。

オンラインプロモーションでは、複数の具体的なターゲット層の検索行動や興味を持つ情報を分析した上で、各ターゲット層が実際に使用する検索クエリを対象にSEOや検索広告を実施し、それぞれの見込み客に最適化したLP（ランディングページ）を作成して訴求することが可能です。

この方法は、店舗でのパッケージ商品の販売や広告チラシのポスティングでは効率的に行うことができませんが、オンラインプロモーションであればターゲット層を細かく分類して、プロモーションにおける優先度を決め、満足度を高め、複数のターゲット層に最適化したプロモーションを実施することが可能です。

> **MEMO**
>
> ターゲット層を明確化せずに組織的なプロモーションを行うと、あらゆる局面で意思疎通のズレが生じ、非効率になります。
>
> プロモーションに関わる全てのスタッフがターゲット層や顧客を把握できている状況は各スタッフの独創性を活かせるので理想的です。

ユーザーのニーズを把握する

ターゲット層のニーズを具体的に知ることで、ユーザーの求める商品やサービス、コンテンツの開発に役立てることができます。ただし、誰でも調べればわかるニーズばかりを優先すると、レッドオーシャンに足を踏み入れてしまうことになります。

顧客と接点を持つ部門の情報を活用する

Googleのキーワードプランナーやキーワード調査サービス（ツール）は、現時点で検索需要のあるクエリを調べることができ、現状把握には役に立ちます。

これらのクエリから、顕在化しているユーザーのニーズを調べることができます。

ただし、このようなツールの情報はあくまで推定値であり、Search Consoleで提供されるクエリの情報と比べると精度が劣ります。

その上、市販のキーワード調査サービスはサービスを導入すれば誰でも手に入れられる情報のため、新たなニーズの発掘には向いていません。

ユーザーのニーズを調査する場合、ツールで得られるソリッドな情報は既に競合他社も把握している可能性があります。その時点で競合他社も新たなサービスや機能の参考にしている可能性があり、すぐにレッドオーシャンになってしまいます。

独自にユーザーのニーズを調査するのであれば、顧客との接点を持っている営業部門やカスタマーサポート部門の担当者にヒアリングして、ウェットな情報を参考にすると良いでしょう。

既存顧客との関係性が構築できていれば、より具体的なニーズを掘り起こすことができるかもしれません。

営業部門であれば、他社製品と比較している見込み客からの情報を得ることができ、カスタマーサポート部門であれば、既存顧客からの質問や要望を能動的に聞くこともできます。

頻繁に同じ内容で顧客からの問い合わせや質問に対応している場合には、ウェブサイト上のFAQ情報が不足しているか、FAQ自体がすぐに見つけられない場所にある可能性があるため、一度ウェブサイトの情報やレイアウトを見直すと良いでしょう。顧客が疑問に持つ情報はわかりやすい場所に配置して、顧客のストレスと時間を軽減しつつ、より価値ある顧客とのコミュニケーションに時間を割くようにしましょう。

アンケートを活用して現状を把握する

　商品やサービスに関して顧客が満足している機能や、顧客からの要望、現時点で顧客が課題に思っていることを知るためには、アンケートの活用をおすすめします。

　アンケートを参考にすることで、ユーザーが必要とする情報をウェブサイト上で提供することができるほか、新しいサービスや商品、機能の開発に役立てることもできます。

　アプリやウェブサービスであれば、ユーザーの行動データをもとに人気の無い機能や、頻繁に活用されている機能を把握して改善することができます。

　これらの情報は競合企業が把握できない独自の情報であり、既にレッドオーシャンの市場に位置する商品の場合でも、ブルーオーシャン戦略に移行するためのヒントとして役立ちます。

　アンケートは、オンライン上で行えるGoogle フォームのような便利なツールを利用する以外にも従来のように電話やハガキを使ったアンケートもあります。

　オンラインの方が集計は簡単ですが、ターゲット層によっては電話やハガキの方が回答しやすい場合もあります。

　また、アンケートのタイミングも重要です。

　商品やサービスの利用者に対して、商品やサービスの改善点に関する意見を求める場合には、購入直後にアンケートの回答をお願いするのは適切ではありません。

　把握したユーザーのニーズはリスト（ニーズのリスト）にまとめておきましょう。商品開発だけでなく、オンラインプロモーション、アフターフォローにも活用できます。

ユーザーニーズをもとに競合商品との差別化ポイントを把握

ユーザーのニーズを把握した上で、競合とあなたの担当する商品やサービス、ビジネスを比較しましょう。これらの特徴を完全に把握することで、プロモーションの効果を最大化することができます。

機能やサービス、価格、ターゲット層を表にまとめる

ユーザーのニーズを詳細まで調査した後には、ニーズをリスト化して機能や特徴に分類しましょう。

ただし、これだけでは自身の調査した内容のみの狭い視点の情報となります。

より広い視点で市場における競合との立ち位置を把握するには、競合とのサービスや機能、特徴に関する比較表を作成します。

1. 社内の営業チームからヒアリングを行い、直接的な競合をリストアップする。
2. オンライン上での競合を把握するために、ターゲット層が検索しそうなクエリで上位表示される競合のウェブサイトをリストアップする。
3. リストアップした競合の商品カタログや商品ウェブページを確認し、ニーズのリストには無い機能や項目を抽出してニーズのリストに追加する。
4. 検索エンジンを使用して競合商品のブランド名で検索を行い、利用者のクチコミを確認し、ニーズのリストに含まれていない機能や項目を抽出してニーズのリストに追加する。
5. 比較表を作成します。行に機能や特徴的な項目、列に競合他社を配置して、比較できるようにしましょう。
6. ブルーオーシャン戦略の場合は、必ずしもあなたの商品やサービスでカバーできていない機能や項目をカバーする必要はありません。
   ターゲット層にとって本当に必要な価値を提供するために必要な機能や項目をカバーしましょう。

比較表の例

	担当商品	競合A	競合B	競合C	競合D
費用（円）	¥2,500	¥8,300	¥8,200	¥3,300	¥4,000
無料試用	○	○	○	×	○
デモ	○	○	×	×	×
機能A					
対応項目1	○	×	×	×	×
対応項目2	○	○	×	×	○
対応項目3	○	○	○	×	○
対応項目4	○	×	×	○	×
機能B					
	○	○	○	○	○
対応項目1	○	○	○	○	×
対応項目2	○	○	○	○	×
対応項目3	○	○	○	○	×
対応項目4	○	○	○	○	×
機能C					
対応項目1	○	○	○	○	○
対応項目2	○	○	×	×	×

　商品の開発やプロモーションを決定するまでのプロセスには、このようなリサーチが必ず含まれます。

　オンラインプロモーションにおいても同様に、顧客や競合他社、あなたの担当する企業の状況を把握した上で、特徴を活かしたプロモーションを選択することが必要不可欠です。

　また、このようなリサーチを通して得られた情報を社内外のチームへ共有することで、市場に対する理解が深まります。

　その結果、チームとしての意思疎通が円滑になり、企業としての方針が明確化されることで効果的なプロモーションを実施できるようになります。

ターゲット層に価値を提供できる
商品で新しい市場を作る

担当する商品やサービスの強みや、価値、市場における立ち位置を再認識できました。
これまでの調査で、ターゲット層に価値を十分提供できる商品である確証が持てていれば、
ブルーオーシャン戦略におけるメリットを享受できます。

画期的な商品の場合には自然とオンラインプロモーションに繋がる

　ブルーオーシャン戦略はSEO以外にも様々な恩恵を得られます。ここではSEO寄
りの観点で解説します。

良質な被リンク獲得

　ターゲット層に十分価値を訴求でき、その結果利用者の満足度が高くなれば、自然
とクチコミが生まれます。

　良い商品やサービスは、SNSやブログなどのオンラインのクチコミに加え、リアル
のクチコミも増えていきます。SEOの視点で言えば、自然と良質な被リンク獲得に
つながるだけでなく、そのクチコミが参考になって新たな見込み客の購入を後押し
するでしょう。

新しいクエリが生まれる

　本当に画期的なサービスともなると、AmazonやFacebook、Googleなどのように
ブランド名による指名検索が増えていきます。

　このほか、ブルーオーシャン戦略の場合は、既存の市場とは異なる新たな市場を作
ることから、新しい検索クエリが生まれていきます。

　例えば、従来のサービスから派生したサブスクリプションの場合であれば、「車 サ
ブスク」「音楽 サブスク」といったクエリが該当します。

　同じようにレンタルの場合であれば、「wi-fi レンタル」「家電 レンタル」もあります。
このようなクエリで検索市場も含めて独占的な状態が続けば、先行者利益を得られ
るだけでなく、それらのクエリが、まるでブランド名検索のクエリのようにGoogle
や人々に認識されるようになります。

少ない費用で効果的なプロモーション

　SEOや検索広告は、どちらも競争が激しいほどコストも上昇します。

　将来を予測してオーガニック検索で需要が高まりそうな新しいクエリで最適化しておくことで、安定した集客を確保できます。

　競争相手が少なければ、上位表示の維持に必要なコストも最小限に抑えられます。

　検索広告も同様です。ある程度の検索需要は必要となりますが、競合が少なければクリック単価を低く抑えることができ、見込み客に対して効率的にアプローチできます。

　一般的に検索ユーザーは自力で問題解決できる方法を探しますが、例えばその方法が想定以上に労力がかかる場合や、自力ではかなり難易度が高い場合、その問題が頻繁に起こり得る場合には、効率や品質を求めて有料のサービスや商品に興味を持つこともあります。

　検索ユーザーの問題点を解決しつつ、商品やサービスを紹介し、その商品を活用することによるメリットを検索ユーザーに説明できれば、興味を持ってもらえる可能性も高まるでしょう。

フィードバックや開発のロードマップを社内で共有

　オンラインマーケティング部門と開発部門とで情報が共有できていないと、プロモーションも後手に回ってしまい非効率となります。例えば、機能やサービスに関して、既に改良されているにも関わらず、古い情報のままでプロモーションが継続されていれば、せっかくの機能改良も新規の顧客獲得には役立ちません。

　余裕を持ってプロモーションの準備を行うためにも、商品開発のロードマップを社内で共有しましょう。また、開発部門が購入者に関する必要な調査データにも簡単にアクセスできるように、いつでも情報共有が行えて、必要であればヒアリングできる体制を整えておきましょう。

> **MEMO**
> ブルーオーシャンは先手を取る施策です。商品やサービスをオンラインで試験的に販売してみて、その成果や顧客のフィードバックを参考にして更に改良する方法もあります。競合が現れる前にできる限り顧客の状況を把握していつでも先手を取れる状態を保ちましょう。

熾烈な市場に類似商品で挑むデメリット

独自性があまりなく、既にある市場に類似商品で参入する場合には、多くの企業や個人を含めた熾烈な競争が待ち受けています。

ブルーオーシャンのデメリット

ターゲット層に独自の価値を提供できていなければ、レッドオーシャンの領域に次第に取り込まれていき、価格競争となってしまいます。

ブルーオーシャンだからといって安心はできません。参入障壁が低ければ、参入企業が増えて次第にレッドオーシャン化していきます (ただしこの場合でも、オンライン上でのプレゼンスはしばらく保たれます。SEOや広告における先行者利益は確実にあります)。

また、ブルーオーシャンでも、ターゲット層がインターネットを利用しない層である場合には、従来のオンライン以外のプロモーションが必要となり、手間もコストも必要となるでしょう。

レッドオーシャンのメリット

レッドオーシャンはターゲット層の需要や、市場規模が予測しやすいというメリットがあります。そのため、市場の一部のシェアを奪うだけでも一定の売上が見込めます。

また、歴史の長いビジネスの中には、インターネットを利用するターゲット層が一定数いるにも関わらずオンラインのプロモーションを一切行っていない場合もあります。

インターネットが普及して30年近くとなりますが、その間にウェブサイト上での支払いや動画の視聴が可能となり、様々なオンラインツールも登場しています。

このような時代の流れや新しいテクノロジーに興味を持たず、積極的に活用しない企業が多い市場であれば、新規参入の余地は十分に残っていると言えます。

レッドオーシャンのデメリット

ターゲット層の需要や市場規模が予測しやすいというメリットは、競合企業にとってもメリットになります。結果として参入しやすい市場は競争が熾烈となり、商品やサー

ビスの差別化が図りにくくなります。

　ターゲットとなる見込み客からすると、選定対象商品が増えるということは、その分商品選定が複雑化します。プロモーションの費用が潤沢ではない企業がプロモーションを行う場合には、工夫しなければ見込み客の商品選定から漏れてしまう可能性も高くなります。

　リスティング広告では入札する競合が増え、広告費用全般のコストが上がっていきます。広告運用の知識のある競合が増えれば、すぐに消耗戦となってしまうでしょう。

市場の状況だけでなく新しい技術にも目を向ける

　現在私達は技術革新の真っただ中にいます。既存の市場もこの影響を受け、かつてはあり得なかったスピードで変化しています。

　今後もIoT、5G、AI、メタバース、自動運転技術、3Dプリント、NLPなど様々な技術が普及してくることになるでしょう。

　iPhoneの登場で経験してきたように、旧来のビジネスがあっという間に新しいビジネスに置き換わることになるでしょう。

　新しい技術と組み合わせることでレッドオーシャンから脱却して、新しい市場を開拓できる可能性はまだまだ残されているはずです。

　自身の市場の状況だけでなく、新しい技術にも目を向け、ほかの市場に興味を持って参考としながら、積極的に新しい市場を開拓しましょう。

MEMO
ラグビー日本代表のヘッドコーチだったエディー・ジョーンズ氏とサッカー指導者のグアルディオラ氏は、ともに名監督として知られています。
彼らはそれぞれ異なるスポーツの監督ですが、自身が関わるスポーツ分野だけでなく、様々なほかのスポーツにも興味を持ち、そこから得られるアイデアを自身のチームに取り入れてきました。ビジネスにおいてもこのスタンスは応用できそうです。

熾烈な市場に一般的な SEOで挑む場合のデメリット

あなたの担当する商品が競合と比べて特徴や価格の面で優れている場合であっても、レッドオーシャンの市場でSEOや検索広告を実施するとなると、競争が熾烈なほど手間やコストも増加してきます。

レッドオーシャンの場合の検索広告の注意点

　検索広告の場合は、広告品質に基づき、入札方式でクリックの費用が決定されます。つまり、広告の表示回数を増やして、多くの人に見てもらうには、競争相手よりも品質の高い広告を作成し、かつ広告のクリック単価を上げる必要があります。

　競合が増えていくと、このクリック単価は上昇していきます。クリック単価が上がっていけば、見込み客を獲得するために必要な費用も増えますので、結果的に商品の収益を圧迫していきます。

レッドオーシャンの場合のSEOの注意点

　SEOの場合には、検索エンジンで人気の検索クエリの種類や、その需要（検索ボリューム）を調査し、クエリに対して最適化していきます。

　ブログを活用したコンテンツマーケティングを行う場合、この調査から人気の検索クエリを対象に、コンテンツを作成し、最適化することになります。

　ただ、このような取り組みは既に一般化していて、当然競合も同じことを考えています。もしあなたがこれからはじめてSEOに取り組む場合は注意が必要です。なぜなら、競合ウェブサイトは既に多くの最適化されたコンテンツを作成していることが多く、そのような競合の多い市場に挑むことは難易度が高く、労力も想像以上に必要となるからです。

コンテンツマーケティングはオールマイティな施策ではない

　既に競合が行っている取り組みと同じことを行うのであれば、競合以上の作業が必要となり時間も費用もかかります。競合も当然ウェブサイトをそのまま放置しているわけではありません。競合サイトにも目標があります。彼らにとって目標に結び付きやすい効果的なコンテンツの品質は、継続的に改善されていくことでしょう。

　この状況に対して、あなたは収益に直接結びつくかどうかわからないコンテンツを作成し、その効果を分析することから始めなくてはなりません。最初の作業で多くの労力が必要となるでしょう。

　成果に結びつきやすいかどうかは、結局のところ上位表示をさせなくてはわからないため、上位表示を達成するまでは、SEO自体の分析や施策に対するコストも増えていきます。仮に上位表示されても、成果に全く結びつかない場合もあります。

　その上、どうにか上位表示されて成果につながりやすいコンテンツに仕上がったとしても、そこから定期的なコンテンツの品質改善や、情報の更新を行わなければ、すぐに競合コンテンツとの競争に負けてしまいます。

コンテンツの品質維持も重要

　コンテンツで扱う分野のトピックで、コンテンツの利用者にとって便利な情報や技術に関連する最新情報を掲載するためには、随時、素早くコンテンツをリライトしなくてはなりません。そうしなければコンテンツはすぐに古くなり、コンテンツの利用者にとって役立たない情報となります。

　つまり、コンテンツで扱うトピックに関して、常に最新情報を把握できる体制が必要となります。

　もちろん一人でカバーできるトピックや分野には限界があるので、コンテンツが増えればその分稼働人数や稼働時間は比例して増えていきます。

　コンテンツ作成者がその分野の専門家であれば、日常の業務の範囲内で対応できるかもしれませんが、SEOのためにコンテンツを書いているようなケース（例えばライターに依頼するなど）では、一過性の取り組みとなります。

　検索エンジンへの対応が遅れている市場であればブログを活用したコンテンツ作成に取り組む価値はありますが、そうでなければまずは競合と比較して優れている点を軸に、ターゲット層に十分訴求できるポイントに絞って、小さい規模からSEOや検索広告を行いましょう。

　想定したよりも収益に結びついているようであれば、徐々に範囲を広げていくことをお勧めします。

MEMO

外部のライターに記事の作成を依頼する場合には、まずそのライターの専門知識を把握することから始めましょう。
また記事を作成する上で、オリジナリティも重要な要素です。検索ユーザーに役立つ企業として提供可能なオリジナルの情報をライターと共有しましょう。

キーワード選定（クエリ選定）はSEOの成功を左右する重要な作業です。一方で固執しすぎると自ら無意識に競争の激しい市場を選択してしまうことにもなります。

キーワード選定とコンテンツ作成の流れ

　一般的にはSEOと言えばキーワード選定から始めることになります。実際に検索で使用されるクエリの種類と検索クエリの需要を調査し、上位表示させたい検索クエリをリスト化します（詳細な流れは後半で解説します）。

　実際に検索で使用されるクエリは、Googleのサジェストキーワードや、関連キーワード、Google広告のキーワードプランナーのデータを使用して調べます。

　このような調査を行うことで、誰も検索しないクエリや、最初から競争の激しすぎる検索クエリで最適化してしまうことを防ぎ、ユーザーが実際に検索で使用しているクエリを把握することができます。

　これらの情報を自力で調べると、ウェブサイトでカバーする検索クエリの規模によってはかなりの時間が必要となるため、無料ツールや有料ツールを使用するのが一般的です。

　無料のツールであれば「ラッコキーワード」が人気のようで、Google広告の「キーワードプランナー」でも調査することができます。

　市販のツールでも検索クエリの種類や需要、検索クエリの類似度や難易度といった情報を調査することができ、そこから上位に表示された際の実際のトラフィック状況まで推測することはできます。

　ツールでリストアップした検索クエリをExcelやオンラインツールで管理しつつ、クエリの需要や難易度を見ながら作成するコンテンツに優先度をつけて、コンテンツを作成するためのスケジュールを決めます。

キーワード調査ツールのデメリット

　キーワード調査ツールの情報にもデメリットはあります。それは、検索需要を示す検索ボリュームのデータの多くはキーワードプランナーから抽出されるデータを基にしていて、季節性によって変動する検索ボリュームの情報ではなく、平均化され

た情報であることが多いからです。

　また、このような検索ボリュームデータをもとに、クエリのトラフィックを推測できるツールもあります。

　具体的には、検索クエリの順位に対してクリック率を割り当てます。

　例えば1位であれば13%、2位であれば7%、3位であれば4%といった具合に、あらかじめ決められたクリック率のもと、検索ボリュームを掛け合わせてトラフィックを推計します。

　推計となるため、100%信頼できるデータとは言えません。

　また、クエリによっても掲載順位ごとのクリック率は異なり、スマートフォンやデスクトップといったデバイスによっても異なります。

　厳密に検索クエリのインプレッションやクリック率を把握するのであれば、コンテンツを上位表示させた上で、Search Consoleを使用した方が正しく状況を把握できます。

キーワード選定は重要! でも万能ではない

　キーワード調査や選定作業はとても理にかなっていて効率的のように思えますが、ニッチなビジネスやブルーオーシャン戦略を採用している場合には、ターゲットとする検索クエリがそもそもなく、検索需要もほとんどありません。

　つまり、キーワード選定によって参考となる情報はありません。

　一方で検索需要が無い理由として、そもそも解決できるコンテンツが無いことが原因である可能性もあります。検索ユーザーの疑問に答えるコンテンツがなければ、人に紹介することもできないため口コミも生まれません。

　では、このような場合はどうしたらよいでしょうか?　もちろんオンラインのプロモーションをあきらめる必要は全くありません。

　解決できるコンテンツが無ければそのようなコンテンツや商品、サービスを開発すれば良いからです。

　人々の問題点を解決でき、新規市場を開拓できる画期的な商品やサービスを市場に公開できれば、自然と口コミも生まれ、被リンク獲得やSNSでの言及が増えていきます。ウェブサイトやメール、ディスプレイ広告などを使用して認知を高めていくことで検索需要を増やすこともできます。具体的な方法については本書の第13章で解説しています。

SEO との出会い

筆者が最初に勤めた企業は多くの PC ソフトを扱うソフトウェアパブリッシャーでした。大学卒業後の 2000 年前半は、インターネットの回線も細く、ソフトウェアのダウンロード購入やクラウドのサブスクリプションサービスを提供する機会もまだありませんでした。

ソフトウェアを人々の PC に届けるには、ソフトウェアのインストーラーが焼かれたメディアを箱に入れて家電量販店のソフトウェアコーナーで販売してもらうことが一般的でした。Windows や Mac が家庭に普及したこともあり、たくさんのソフトウェアが売れていた時期でもあります（当時は、カスタマーサポートや、店舗営業に従事し、途中海外留学（音楽^^;）期間を挟んで、プロダクトマネジメント、マーケティング部門など、様々なタスクに追われていました）。

その後、IT が進化していく中、徐々にインターネット回線も高速化していき、ソフトウェア販売の手段もパッケージである必要はなくなりました。フリーミアムやクラウドサービス、モバイルアプリなどを通して、ソフトウェアが身近になってきました。

ダウンロードやサブスクリプション販売にも挑戦し、オンラインでは、店舗販売よりも具体的な数値をもとに分析できる点に衝撃を受けたことを鮮明に覚えています。
SEO やオンラインマーケティングの可能性に魅了され、その後アレグロマーケティングを設立しました。

設立当初は様々なソフトウェアの販売も行っていましたが、現在では SEO やオンラインマーケティング分野のサービスやツールを主軸として事業を展開するようになっています。ビジネスで関わることができた多くの人々に感謝し、その中で経験できた失敗や成功も含めて本書で共有し、読者の皆様のお役にたてるようであれば嬉しいです。

第 **2** 章

適切な施策を
選択する

オンラインマーケティングによるプロモーションは新旧合わせると
膨大な選択肢があります。自身のビジネスに不適切な施策を選択し
てしまえば、そのためのコストや労力も無駄になります。この章に
沿って、自身のビジネスに適した施策を選択しましょう。

ビジネスの特徴から
適切な施策を選ぶ

第1章のSec.01「自身のビジネスの特徴を把握する」で既に自身のビジネスのタイプは把握しました。ここからは、少し深掘りしてビジネスタイプ別の施策について説明していきます。

ビジネスのタイプを把握することで余計なコストを抑えることができる

　SEOには様々な施策がありますが、全ての施策が必ずしも自身のビジネスの成果に結びつくとは限りません。

　例えば北海道の旭川を拠点としたフィットネスジムの店舗が、全国の検索ユーザーに向けてブログを活用したコンテンツマーケティングを実施しても、遠方の博多からわざわざ店舗に訪れる人はいないでしょう。

　自身のビジネスのタイプを把握し、適切なプロモーションを選択することで、このような無駄なコストを抑えることができます。

店舗など特定の地域向けのビジネスサイト（ローカルビジネス）

　例えばボクシングジムであれば、施設周辺で通える範囲に住んでいる、または通勤、通学している人々が対象利用者となります。できれば効率的に対象利用者に自身のビジネスを見つけてもらえるようにしたいはずですし、検索ユーザーも遠くのボクシングジムより近いボクシングジムから優先して選びたいはずです。

　主要な検索エンジンではこのようなニーズにも対応しています。地域に関連するクエリの場合には、検索ユーザーが今いる場所に近い店舗やサービスが特定の検索枠内に表示されます。

Google ローカルパック表示

Yahoo! ロコ表示

この特定のエリアに表示させるためには、以下のようなサービスに登録します。

▶ Googleビジネスプロフィール

▶ Yahoo! プレイス

▶ Bing プレイス

ローカルビジネスのSEOは、日本全国を対象とするショッピングサイトやメーカーサイトが行うSEOとは手法が異なります。そのため、闇雲にブログを使ったコンテンツマーケティングを行うよりは、地域を限定したプロモーションやローカルSEOと呼ばれる専用の施策から始めましょう。ローカルSEOの具体的な方法は本書の第8章で解説します。

多くの商品を扱う、または自社商品のみを扱うショッピングサイト

多くのメーカーの商品を取り扱うショッピングサイトであれば、ウェブサイトの構造や、カテゴリページの使いやすさ、選びやすさなどを考慮してウェブサイトを改善していくことが重要です。

MEMO
> 検索エンジンのアルゴリズムは、ユーザー体験を重要視します。検索ユーザーの意図を満たし、他の競合サイトよりもユーザーに対して優れた体験を提供するウェブサイトを優遇します。

魅力的で他社よりも優れている商品を豊富に扱っている場合には、SEOだけでなく、検索広告を利用すると効果的です。競合となるウェブサイトと比較して、多くの商品を扱っていて、商品を比較しやすく、安心して購入できるウェブサイトは検索エンジンからも検索ユーザーからも高評価を得られます。

一方で、自社商品のみを扱うウェブサイトの場合は、取り扱う商品が少ないため、検索ユーザーに十分な選択肢を提供できません。例えばランニングシューズのメーカーの場合、多様な検索ユーザーが満足するような豊富な商品アイテムを取り揃えない限り自社サイトで「ランニングシューズ メンズ」の検索クエリで上位表示を実現することは難しいでしょう。

「ランニングシューズ メンズ」で検索するユーザーは、様々な商品を比較した上で自分に最適なシューズを選びたいからです。

この場合は、「ランニングシューズ メンズ」のような一般的な商品カテゴリ名ではなく、問題の解決方法を調べる際に使用するクエリ(例えば「マラソン 速く走る方法」)をリストアップし、商品の特徴にスポットライトをあて、独自のデータを提供するコンテンツを作成することも一つの選択肢となるでしょう。

オンラインプロモーションのための準備

プロモーションの手段はSEOだけではありません。検索広告、ディスプレイ広告、SNS、メールなど様々な選択肢から、購買前の見込み客の心理状態に応じた適切な施策を選ぶ必要があります。

ランディングページと申し込みフォームの準備

SEOや検索広告、ディスプレイ広告、SNS運用、メールなどを活用してプロモーションを行う前に、ランディングページと申し込みフォーム、ショッピングサイトであれば決済システムを準備する必要があります。

例えば、山梨県甲府市にあるチェロ教室で、平日の夕方から夜にかけての生徒を募集したい場合には、様々な案が思い浮かびますが、まずは次のような方法を例に大枠を決めましょう。

オンライン広告を使用して1レッスン無料の体験申し込みを募集し、内容に満足した生徒が本レッスン会員になってもらうような流れをウェブサイト上で作成します。

この場合、ウェブサイト上には少なくとも以下のような情報が必要となるでしょう。
- ▶ レッスンの風景がわかる動画または画像
- ▶ 教室名
- ▶ 住所、電話番号、駐車場の有無、アクセス方法
- ▶ 講師プロフィール
- ▶ レッスンの内容
- ▶ 楽器のレンタルについて
- ▶ レッスンプランと費用
- ▶ 無料体験レッスンの内容

また作成したページ上か、または別ページに無料体験申し込みフォームが必要となります。

フォームには少なくとも以下の情報が必要となるでしょう。
- ▶ 生徒の氏名
- ▶ 連絡先情報（メールや電話番号）
- ▶ 楽器を既に持っているかどうか（無ければレンタルを準備）

　フォームの入力項目はできるだけ簡素にします。入力項目が多すぎると、フォーム入力を完了する前に煩わしくなってしまい、途中で離脱してしまいます。

　フォームの動作をテストして問題がなければ様々なプロモーション手段をテストしましょう。

検索広告を試してみる

　予算が十分ではない状況で初めて検索広告を実施するのであれば、購買段階に近い見込み客が使用する検索クエリや時間帯、エリアなどに絞って、確実に見込み客を獲得できる状況を作りましょう。例えばチェロ教室を例にすると以下のような設定が考えられます。

	設定内容	背景
月の広告予算	10,000円	競合が多くなれば広告の予算も増やす必要があるかもしれません。
検索エンジン	GoogleとYahoo!、またはYahoo!のみ	検索エンジンの種類によって利用者の傾向（年齢や性別）は異なります。
検索クエリ	「チェロ　教室」 「チェロ　レッスン」 「チェロ　習う」	体験申し込みにつながる検索クエリを抽出。
対象地域	山梨県全体 注意：標準の日本全国のままでは、すぐに予算が尽きます。	チェロ教室の競合はそれほど多くないため、多少遠方からでも見込み客からの申し込みが期待できます。
時間帯	特に制限無し または、夕食以降の時間帯は広告を非表示にします。	平日の夕方から夜にかけて通える時間に余裕のある生徒が対象。

　広告費用に対して、十分収益を得られているようであれば、徐々にクエリや時間帯、エリアを広げていきます。検索クエリが異なると、検索ユーザーが必要な情報も変化します。場合によっては専用のランディングページを別途準備する必要もでてくるでしょう。

　広告の設定自体に問題はなくても、説明が不十分なウェブページや申し込みフォーム、使いにくいウェブサイトでは、成果に結びつきません。機会損失なく、検索広告で確実に見込み客を獲得できる状況が作れているのであれば、SEOを含めたそのほかのプロモーション手段を検討しても良い状態と言えるでしょう。

セールスファネルを理解する

セールスファネルとは、消費者が購入などの目標に至るまでの意識の変化を複数の段階に分けて漏斗（ファネル）に例えて示したものです。ファネルの各段階を改善していくことで目標達成数や金額を増やしていくことができます。

自身のビジネスに適したファネルを定義する

　例えば、サービスのサブスクリプションを販売するビジネスを一例として考えてみましょう。

　一般的に消費者が商品に関心を持ち、情報の収集と検討を経て購入に至るまで（場合によってはそこからリピート購入までも含む）をファネルで示します。上層から下層に変化するほど、対象の消費者の数が絞り込まれます。

見込み客獲得（70人）

見込み客育成（45人）

顧客へ転換（20人）

顧客維持とロイヤリティ改善（10人）

セールスファネルの一例

　この場合、各ファネルの状態に適した対応を検討していきます。

ファネル	見込み客に対する具体的な活動
見込み客獲得	見込み客とのつながりを作る。ホワイトペーパーのダウンロードやトライアル申し込みを通して、見込み客の連絡先情報を取得する
見込み客育成	見込み客との対話を継続して相互の理解を深める。見込み客が抱える問題点や状況を把握して、必要な情報を提供する
顧客へ転換	見込み客の信頼を獲得して納得のうえで購入してもらう。商品への理解を深めてもらい、問題点や課題を適切に解決できるようにフォローする
顧客維持とロイヤリティ改善	顧客ロイヤリティを高めて継続購入、顧客維持につなげる。購入後も定期的にコンタクトを取り、問題点や課題のヒアリングを行う。商品やブランドのファンになってもらう

　ここで説明しているファネルの階層はあくまで一例です。時代やビジネスの変化とともに、様々なパターンが考え出されていき、今後も増えていくことでしょう。

　担当するビジネスに適したファネルを定義し、ファネルに実績値を記入して毎月管理することで、目標に至るまでの課題を把握し、改善につなげていくことができます。

各ファネルで検索ユーザーが使用するクエリは異なる

　各ファネルに活用できるオンラインプロモーション施策には大きく分けてSEO、検索広告ディスプレイ広告 (SNS含む)、メールマーケティングがあります。

　フィットネスボクシングジムの月額会員数を獲得するプロモーションの一例としては、次のような施策が考えられます。

ファネル	見込み客の行動	プロモーションのアイデア
見込み客との接点	抱えている疑問や問題点を解決する知識を得るために検索する：「ダイエット 方法」「ダイエット カロリー」※インフォメーショナルクエリと言います	対象クエリは地域との関連性の低いクエリであるため、オーガニック検索で上位表示を狙ったコンテンツ作成は効率的ではない。ターゲット層に対して対象地域を絞り込んだ**ディスプレイ広告**を表示。サービスの認知を高める
見込み客獲得	具体的な解決策や方法を理解した上で、解決策を提供してくれるサービスや特定のブランドを検索する：「台東区 ボクシングジム」「ボクシングジム」「東京 ボクシング フィットネス」※トランザクショナルクエリと言います	広告費用に見合うだけの収益が見込めるようであれば、見込み客となる確率の高い検索クエリで対象地域を絞って**検索広告**を実施する。自身のウェブサイトに訪問したことがあるユーザーに対して**リマーケティング広告**を実施する
見込み客育成	サービスを実際に試し、申し込みに必要な情報や利用規約、解約方法についての情報を調べる：「ブランド名」での検索※ナビゲーショナルクエリと言います	購入前のよくある質問をまとめたページで**SEO**を行う。サービスの資料や役立つコンテンツをメールでお知らせする
顧客へ転換	サービスについての疑問や不安な点を担当者に質問する	メール、オンライン接客、対面接客を通して、サービスについての説明や、質問、不安な点に対する回答を行う
顧客維持とロイヤリティ改善	目的 (ダイエットなど) を達成する方法についてトレーナーに質問する。現在の成果を把握する	定期的に成果を共有し、新たな課題を共有する

04 | 広告から始めよう

SEOが無料だからといっても、作業に対する労力やコストは無視できません。SEOを理解する上でも検索広告やディスプレイ広告に月1～2万円の予算を割いて継続的に運用してみましょう。

様々なキーワードで検索広告を実施して効率的なキーワードを見つける

検索広告でプロモーションを行う場合には、利益がコストを上回るように運用していきましょう。SEOは状況を見極めるまで時間がかかりますが、広告は比較的素早く成果がわかります。

広告費用に関しては、成果が見込めるキーワードであっても、競合が増えるほどクリック単価は高くなり、収益を圧迫していきます。SEOでも同様に競合が増えるほど、コンテンツ作成や維持のコストは増加していき、収益を圧迫していきます。

CVRの高いキーワードを重視する

キーワードプランナーで確認できる月間検索ボリュームもキーワードの優先度を測る一つの指標となり得ますが、ボリュームが多くてもCVに繋がらないキーワードにリソースを割く事は非効率です。

例えば、SEOの場合では、1000件のトラフィックでCVRが1%のクエリよりも100件のトラフィックでCVRが20%のクエリの方が効率的と言えます。

検索広告の場合は、クリック単価が高いクエリも存在するため、最終的にはCPA（顧客獲得単価）を指標として管理することになるでしょう。

> **MEMO**
> CVはコンバージョンと読み、「申込み」や「購入」などのアクションをGoogleアナリティクス上で目標として設定し計測することができます。

ランディングページがボトルネックとなっていないか確認

ターゲット層が多く閲覧していてもCVが発生しない場合には、広告のランディングページや商品そのものに原因がある可能性もあります。問題のあるランディングペー

ジで広告プロモーションを実施することは笊（ザル）で水をくむようなものです。

　例えば、商品の価値や活用方法、効果が不明瞭な場合や、必要な情報がウェブサイト上に記載されていない場合には、検索ユーザーはその先へ進むことを躊躇してしまうでしょう。そして、SEOでも同様の問題が発生していることが考えられます。

　検索クエリの意図を理解した上で、検索ユーザーが必要とする情報を見つけられるようにページやウェブサイトの構造を改善しましょう。

効率・非効率的なキーワードをSEOと広告両方で共有する

　SEOでは競争が激しい場合でも、検索広告では競争が少ないケースもあります。また、その逆で、検索広告では競争が激しく、SEOでは品質の高いコンテンツが少ない場合もあります。効率的なキーワード、非効率なキーワードのリストは、SEOと検索広告キャンペーンの両方で比較して活用できるように、共有しましょう。

広告の活用アイデアとパターン

　検索エンジンから提供されている広告では、様々な種類やオプションを選択できます。

検索広告

▶ ブランドクエリを対象（自身の扱う企業名や商品名など）
　これらのクエリはオーガニック検索で上位に表示されますが、検索結果の上部スペースを独占することで競合へのブランドスイッチの機会を減らすことができます。

▶ 商品と関連する商品カテゴリに関するクエリを対象

▶ 競合商品には無いあなたの商品の特徴に関連するクエリを対象

ディスプレイ広告

▶ あなたのウェブサイトに訪問したことのあるユーザーを対象（リマーケティング）
　広告の中ではブランドクエリに次いで安価かつ安定的にCVを獲得できるおすすめの手法です。

▶ 競合商品関連のクエリに興味・関心・購入意向を持つユーザーを対象

▶ 商品カテゴリに関するクエリに興味・関心・購入意向を持つユーザーを対象

▶ 競合商品には無い特徴に関するクエリに興味・関心・購入意向を持つユーザーを対象

▶ 購買意欲の強いオーディエンスを対象（インタレストカテゴリマーケティング）

　CVを達成したユーザーや、関連性の無いキーワードを広告対象から除外する設定を活用することで、無駄なクリックを防ぎ、広告費用を抑えることができます。

オンラインプロモーションにおけるSEOの役割

検索クエリはインフォメーショナルクエリ、トランザクショナルクエリ、ナビゲーショナルクエリの3種類に大きく分けることができます。効果的にCVを獲得するために、各クエリの特性を把握して、クエリに適した施策を選択しましょう。

インフォメーショナルクエリに適した施策

SEOとの相性

　SEOは比較的ファネルの初期段階のユーザーと接点を持つことができるのが特徴です。情報収集段階のインフォメーショナルクエリに対しては、クエリの回答となる検索ユーザーにとって便利なコンテンツを作成することで、検索ユーザーとの接点を増やすことができます。

　競合が多くなるとコンテンツ作成や維持に必要な作業時間が増え、徐々に収益を圧迫していきます。

検索広告との相性

　一方でインフォメーショナルクエリ自体は、購買意欲が高くはなく、直接収益に結び付きにくい検索クエリではあるため、検索広告にはあまり向いていません。

　なぜなら購買意欲が低く、検索需要は多いため、CVを獲得できずに無駄なクリックが増えるからです。クリック自体が発生しないことで広告とクエリの関連性が低いとみなされ、表示回数が減ってしまうこともあります。

トランザクショナルクエリに適した施策

検索広告との相性

　一般的には、検索広告は購買意欲の高いトランザクショナルクエリから優先して運用していきます。

　競合が少なければクリック単価も低く抑えることができます。

　広告と比較すると、オーガニック検索の順位はアルゴリズムの影響を受けがちで、不安定かつ不確かなものとなります。収益の安定化を図るには効果的なトランザクショナルクエリで検索広告を活用していきましょう。

SEOとの相性

SEOの場合は、このトランザクショナルクエリで上位表示を狙うことは至難の業です。その理由として、類似の商品を豊富に抱え、既に一定の安心感や信頼を獲得しているAmazonや楽天といった大手ショッピングモールが上位を占めてしまうからです。

競合が少ない分野であれば、その時はトランザクショナルクエリを積極的に狙い、対応するコンテンツを作成していきましょう。

ナビゲーショナルクエリに適した施策

SEOとの相性

認知が広まると、ブランド名や社名、商品名など独自のクエリで検索される機会が増えていきます。

既にブランド名や商品名で検索しているということは、購入の手前の商品選定段階か、購入後に商品の活用方法を調べている段階である可能性があります。

問い合わせの窓口となる部門と協力して、購入前、購入後の良くある質問を月に一度のペースで定期的にまとめ、必要な情報をウェブサイトに公開しましょう。

見込み客や顧客が製品やサービスに対する疑問を素早く調べることができれば、問い合わせの窓口となる部門の負荷が減ります。

見込み客にとって不必要な問い合わせや、待機時間を減らすことにもつながり、購入までの流れがスムーズになります。

検索広告との相性

ブランドワードやオリジナルの商品名は最もCVに繋がりやすいクエリです。

検索広告を活用してこのようなクエリの掲載結果の上部を独占することで、競合商品へのブランドスイッチの機会を減らすことができます。

既に購入したユーザーを広告掲載の対象から外したい場合には、CVユーザーを広告対象から除外することもできます。

検索広告はコストと収益をわかりやすく数値で管理することができます。

一方でSEOは、時間がかかる施策でもあり、更に順位をコントロールすることが難しいため、コストや収益を予測しにくいという側面があります。

検索広告と同じように、SEOをプロモーション手段の一つとして扱ってしまうと本来の価値を見失ってしまいます。SEOは売上だけでなく、顧客維持や顧客の問題解決にも利用され、顧客ロイヤリティにも影響を与える施策となります。

スパムと手動による対策

Googleは世界中のウェブサイトを巡回し、アルゴリズムでコンテンツを理解した上で検索結果に掲載します。Googleはスパムを検知した場合には、サイト運営者に対してアルゴリズムによる自動の対策、またはGoogleスタッフの手動による対策が行われます。

検索順位にも影響するスパム行為

スパム行為というと、主にページランクの操作を主な目的とした被リンク獲得施策を思い浮かべる方が多いかもしれません。

ページランクとは？

ページランク(PageRank)とは、被リンクの質や数、関連性によってページを評価するGoogleの主要アルゴリズムの一つです。単純にリンクをたくさん集めれば順位が上がるといったものでもありません。品質の高いリンクが多ければページランクも高くなり、そのページの評価も高くなります。またページランクはリンク先のページにも流れていきます。

以下のイメージはページランクの流れを簡略化したものですが、現在ではトピックが一致しているかどうか、リンクが自然に張られたものかどうかなど様々な要素が考慮されたうえでページランクが算出されていると推測されます。

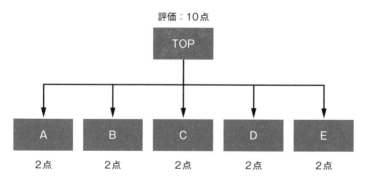

ページランクのイメージ

　以前はGoogleツールバーでアクセスしたページのページランクを確認することができていましたが、現在ではこの仕組みは廃止され、ページランクを確認することはできません。

　全てのスパム行為についてはGoogleのウェブマスター向けガイドラインの「品質に関するガイドライン」で具体的な例を確認することができます。ここではその中で代表的なものをいくつかご紹介します。

自動に生成されたコンテンツ

　いくつかのウェブサイトの記事を無断で組み合わせたコンテンツ、機械翻訳されたコンテンツ、機械的に作成された意味不明なコンテンツなどをプログラムで自動的に生成します。AIの普及によりこのようなサービスが増えてくるでしょう。

リンクプログラム

　今でも見かけるスパム手法です。ページランク転送を目的とした不自然なリンクが該当します。Googleは金銭によるリンク売買やリンクに何らかの対価を支払う行為は禁止しています。相互リンクやリンク交換も過剰であればペナルティの対象となります。Googleは自然発生の被リンクを評価するため、被リンク獲得ツールなどの使用は避けましょう。

隠しテキストと隠しリンク

　古くからある手法です。白背景に白文字のキーワード羅列や、フォントサイズを0の文字、画面に表示されないように文字を配置する方法が該当します。現在のGoogleはHTMLソースのみでなく、ページをブラウザで表示（レンダリング）した状態でもコンテンツを判断しますので、このような大昔のテクニックは通用しません。

誘導ページ

　ページの大部分が同じ内容で、様々な検索クエリに対応するように、ページごとに各クエリを含む要素を追加して、大量のページを作成する方法です。

クローキング

　同じURLで検索エンジンとユーザーに異なるコンテンツを表示させる手法です。

　例えば、ユーザーエージェントを指定して、人間のユーザーには商用ページを表示させる一方、検索エンジンに対しては検索クエリに最適化されたページを表示させる方法があります。

このほか、「質の低いコンテンツ」や「無断複製されたコンテンツ」「十分な付加価値のないアフィリエイト サイト」もガイドラインで禁止事項となっていますが、これらはアルゴリズムで自動的に対処されます。

毎年数回はニュースになりますが、ガイドラインに記載されていない行為であっても、モラルに反していればインターネット上で炎上し企業の信頼や評判を落とします。

上位表示や集客向上を目的に検索エンジンばかりを意識するのではなく、検索ユーザーのためとなる施策を心がけましょう。

手動による対策とは?

Googleは2種類の方法でスパムに対応しています。1つはアルゴリズムによる自動対応で、もう1つはスタッフによる手動対応です。

どちらの対応の場合も、ページやウェブサイト全体の評価を下げたり、ランキングから除外したりします。

スパムの発見には第三者のスパムレポートがきっかけになる場合もあります。

自身のウェブサイトに対する「手動による対策」確認方法

手動ペナルティはGoogleが無料で提供しているSearch Consoleを設定していれば次のように通知が表示されます (左メニューの「セキュリティと手動による対策」内の「手動による対策」をクリックします❶)。

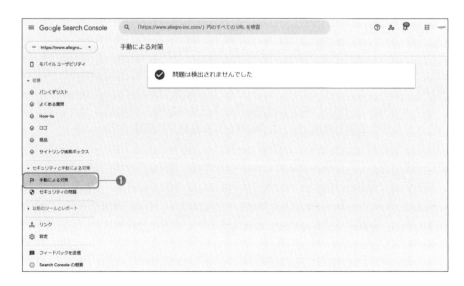

　ここでは詳しく解説しませんが、手動による対策で問題が見つかった場合には指摘された箇所も含め、疑わしい部分全てを修正した上で、Googleに再審査リクエストを送ります。

　その後Googleのスタッフによって修正が確認されれば手動による対策は解除されますが、リンクスパムに関しては、疑わしい被リンクを全てGoogleのリンク否認ツールでブロックするといった対策も必要となり、問題が長期化する場合もあります。

　スパム行為を行ってしまうと、今まで蓄積した評価を失うこととなり、評価を元に戻すにしてもそれなりの労力が必要となります。ガイドラインを守って正しい手法でSEOを行いましょう。

スパムを検知する有名なアルゴリズム

スパムを検知する代表的なアルゴリズムには次のようなものがあります。

パンダ

コンテンツの品質を見分けるアルゴリズム。低品質コンテンツの評価を下げ、高品質コンテンツを評価します。
パンダアップデートを実施した際には、検索順位が大きく変化し、多くのウェブサイトが影響を受けました。

ペンギン

ガイドライン違反を検知するアルゴリズム。主にリンク関連のスパムを扱います。現在では低品質リンクの評価を無効化し、質の高いリンクのみを評価します。

パイレートアルゴリズム

デジタル・ミレニアム著作権法 (DMCA) を侵害するウェブサイトの評価を下げるためのアルゴリズム。

SEOの特徴

クエリの特徴を把握せずに闇雲にSEOを行うことは非効率です。SEOもリスティング広告もターゲットとするクエリの特徴、検索ユーザーの意図を理解したうえで活用すると効果的です。

SEOとリスティング広告の特徴

リスティング広告は、クリックされれば課金されます。リスティング広告枠はオーガニック枠よりも上部に位置し、最大で4つまで表示され、「広告」ラベルが付きます。（オーガニック枠の下部にも広告枠があります。）競争の激しい検索クエリの場合には、ブラウザで最初に表示される部分（ファーストビュー）の大半が広告となることもあります。

つまり、収益に結びつきやすい検索クエリでは、広告が増えます。そして、広告の方がオーガニック枠より優先されて表示される仕組みとなっています。

一方、検索段階で購入意図はなく、ふとした情報収集を目的としたクエリの場合には、あまり広告が表示されません。

すぐに収益に結びつかないクエリに対して広告を表示しても、無駄なクリックでコストばかり増えてしまいます。そのため、このようなクエリの場合は広告表示が少なくなります。

リスティング広告は、明確な行動を意図して検索されるクエリ、その中でも購買意図の強いクエリに狙いを定めて広告を表示させると効果的です。

SEOの場合は、情報収集段階から見込み客との接点を持ち、コンテンツを通して信頼を築き、購買まで結びつけるということに向いています。

SEOとリスティング広告の特徴比較

SEOとリスティング広告の特徴を比較してみましょう。

	SEO	リスティング広告
クエリ	情報収集	購入や行動
適したページ	ユーザーの疑問を総合的に解決するコンテンツ	商品ページ、カテゴリ一覧ページ、専用のLP
施策の意図	情報収集目的のユーザーに価値ある情報を提供して信頼を獲得する	購買意欲の高いユーザーに商品のメリットを訴求しクロージング
課金方法	無料	クリック課金
検索上の掲載ページ	完全にはコントロールできない	指定できる
ページが表示されるまでの期間	巡回ロボットがインデックスすることで検索結果に表示されるが、時間がかかる	広告費用を払えば数日以内に広告が掲載される
順位のコントロール	コンテンツの品質に影響されるため、コントロールが難しい	時間帯、地域指定可。効果的でなければすぐに広告を停止できる。入札単価や広告品質を上げれば順位はコントロールしやすい
順位決定要素	検索クエリの意図、コンテンツの質、ページランクなど200以上のランキングシグナルが使用されているが、詳細は公開されていない	入札単価、広告の品質、広告フォーマット

コストをかける分、リスティング広告はコントロールしやすいというメリットがあります。一方でSEOはクリックに費用がかからないというメリットが大きいでしょう。

「リスティング広告を利用するとオーガニック検索順位も優遇される」と考える方もいるようですが、Googleは否定しています。直接的には影響しないと考えられますが、ページの閲覧増加によって被リンク獲得につながることもあるかもしれません。

具体的な
SEO成果指標の定め方

SEOの成果は、順位やPVのみでは判断できません。特定のクエリで順位が1位となったとしても、そもそも誰にも検索されないクエリであったり、検索流入が増えても売り上げや問い合わせなどの直接的な成果に一切つながらないこともあります。

目標はシンプルに分析は複数の指標で総合的に

　ビジネスに関するウェブサイトであれば、目標は直接、間接的にビジネスに貢献するものでなければ意味がありません。そのため、売り上げや見込み客数を伸ばすことは目標の一つとなるでしょう。そして売り上げや見込み客の獲得につなげるために、検索結果の露出を増やし、オンラインの見込み客との接点を増やしていくことが理想的です。

　本書の第12章でより詳しく解説していきますが、SEOの影響を測る際に、以下の指標を参考にします。

CV、PV、セッション数、ユーザー数、平均セッション時間、順位、被リンク、SNSのシェア数

　SEOや検索広告により、検索ボリュームの多いクエリで検索結果の上位に表示されればPVやセッション数、ユーザー数が増えます。

　PVはページビューと読み、ページが表示された回数を意味します。

　セッションはウェブサイト訪問時の一連の行動の単位です。

　例えば、ウェブサイトを訪問した際に、Aというページを見て、次にB、Cとページを見てブラウザーを閉じた場合には、1セッションで3PVとなります。

　コンテンツが読みやすく、ページ上に役立つリンクがあれば、訪問者の平均セッション時間が増えます。

　また、滞在時間が増えるということは、ユーザーがコンテンツを読み、ウェブサイト利用に費やす時間が増えていることを意味します。

　分野にもよりますが、一般的には品質が高く、ユーザーの役に立つコンテンツであれば、検索順位は改善され獲得被リンク、シェアの数が増えていきます。

　作成したコンテンツを通して、信頼を獲得できればCVにも結びついていきます。

　これらのデータは単独で見るのではなく、数と質の両方を分析して改善に役立てていきましょう。

　例えばランディングページの改善で順位が下がったとしても、見込み客獲得数が増えるようであればそれは成功を意味します。

順位やPV至上主義にならないようにしよう

順位ばかりを追ってしまうと……

　クエリの月間平均検索ボリュームの調査を行わずにSEOを行った場合には、無意味な検索クエリを選定してしまうかもしれません。

　誰も検索しないクエリの順位を成果指標とした場合、当たり前ですがそのクエリで1位となっても集客には結びつきません。

　ある程度検索数があるクエリの場合でも、10位以内にランクインしなければ検索ユーザーに見つけてもらえません。順位だけでなく、集客に関連する指標を総合的に把握して判断することが大切です。

PVばかりを追ってしまうと……

　一定の検索流入があっても、コンテンツの文脈と目標とする商品やサービスとの関連性がなければ全く成果に結びつかないこともあります。場合によっては、商品やサービスのターゲット層からの問い合わせではなく、それ以外の検討違いの問い合わせが増えるといったデメリットもあるでしょう。

　ターゲット層の心理や検索意図を理解した上で必要とされるコンテンツを作成しましょう。

信頼を獲得することが何よりも大事

　検索エンジンのガイドラインや、法律、モラルを無視して、グレーな施策を行う企業がニュースで問題として取り上げられることが度々あります。コンテンツのコピーや一部書き換え、虚偽の情報の掲載は、キュレーションメディアやまとめサイトを中心に問題となることもありました。

　このような手法を真似て検索上位表示を達成したとしても、ブランドを傷つけてしまっては全く意味がありません。

09 インハウスとアウトソース それぞれのメリット

ビジネスやプロジェクトチームの状況、予算の規模によっては、検索クエリ調査、SEO
トレーニング、コンテンツ作成、サイト構造のチェックなど一部の作業を外注した方
が効率的な場合もあります。

SEOサービスに依頼する際の注意点

被リンク販売や自動生成コンテンツなどのスパム的な施策も含め、世の中には多
くのSEOサービスが存在します。

サービスの内容を理解せずに外注すると、成果が上がらないばかりか、ウェブサイ
トやブランドを傷つけてしまうこともあるので注意が必要です。

外注する際の注意点については、Google検索セントラルに記載されているので、
きちんと読んでおきましょう。

> 一部の非道徳的な SEO 業者による非常に強引な宣伝や、検索エンジンの検索結
> 果を不正操作しようとする試みが業界の信用を損なってきました。Google のガ
> イドラインに違反する行為は、Google 検索結果におけるサイトのプレゼンスの
> 向上に悪影響を及ぼします。場合によっては、Google のインデックスからサイ
> トが削除されることさえあります。
>
> SEO 業者の利用を検討する
> (https://developers.google.com/search/docs/beginner/do-i-need-seo より引用)

SEOを内製で行うにしても、Googleのガイドラインに違反するようなスパム行為
であればウェブサイトの評価を傷つけるものになります。SEOを実施する場合には
インハウス、アウトソースのいずれの場合にしても、施策やその効果、検索エンジン
のガイドラインは把握しておくべきでしょう。

具体的なSEOサービス

Google検索セントラルでは以下のようなSEOサービスが紹介されています。補
足として簡単に説明します。

サイトのコンテンツや構成の見直し

　大規模なウェブサイトリニューアルの際のウェブサイト全体のナビゲーション（グローバル、パンくず、フッター、ローカルナビゲーション等）やカテゴリ構造（商品カテゴリ等）の見直し、モバイル対応、表示速度改善などが該当します。多くの検索クエリに対応できるウェブサイトを設計します。

ホスティング、リダイレクト、エラーページ、JavaScript の使用など、ウェブサイトの開発に関する技術的なアドバイス

　Google検索結果に重要なページが表示されない、または評価が不安定な場合があります。Googleの巡回やインデックスの阻害要因を突き止めて改善アドバイスを行います。また、重複するページに対してURLの正規化を行います。

コンテンツの開発

　検索ユーザーの意図を調査し、ユーザーの役に立つ記事やSNSなどの拡散も狙ってコンテンツを作成します。成功すると目的の検索クエリで上位表示され、多くの見込み客との接点を築くことができます。

オンライン ビジネス促進キャンペーンの管理

　検索広告も含めた包括的なキャンペーンの管理を行います。SEOと検索広告を組み合わせた効率的な施策を行います。

検索クエリに関する調査

　検索クエリの意図やパターン、需要を調べます。ターゲットの検索クエリを決め、その後のコンテンツ作成や内部施策に繋げていきます。

SEO のトレーニング

　総合的なSEOに関する知識や、運用方法を学習します。一回の講座形式の場合もあれば、実践的に複数回、長期間に渡ってレクチャーを受ける場合もあります。

特定のマーケットや地域に関する専門知識

　医療や投資を含むYMYL関連のトピックやECサイト、ローカルビジネスに特化した知識を持つ専門家からのアドバイスを受けます。

中小規模のサイトならコンテンツの品質重視の施策

予算が十分にある大規模なサイトのリニューアル時には、SEO考慮した様々な調査やウェブサイト構造の見直しなどを専門家に相談することで様々な改善点を見つけることができます。

また、多くの人々に利用されるウェブサイトの場合は、ウェブサイト構造に関する小さな改良でも大きな効果が期待できます。

逆に予算も少なく、規模の小さなウェブサイトの場合は、ローカルビジネスであればローカルSEOを、専門的なビジネスであればコンテンツの品質を重視した施策を行った方が効果的です。どちらも最終的にはインハウスで行うことが理想的です。

コンテンツを作成する場合は、そのトピックにおける専門知識が必要となり、その知識をもとに検索ユーザーに役立つコンテンツを作成する必要があります。実践してみると、思った以上に労力が必要となることがわかります。

また、作成するコンテンツからあなたの担当する商品やサービスの認知につなげていくためには、ライバルとの比較を通して見込み客に興味を持ってもらえるように、その利点を伝えなければなりません。

これらは、あなたのビジネスに関する専門知識を持たない外部の業者に丸投げでおまかせできるものではありません。

予算が十分でない場合でも、SEOサービスの中にはコンテンツの作り方や考え方、SEOの取り組み方に関するトレーニングを提供してくれたり、コンサルティングを行ってくれたりする企業もあります。

初期の段階では外部サービスを利用して知識を習得しつつ、将来的には業者に全てを委ねずにすむ体制を構築していきましょう。

MEMO
SEOに対する理解が十分でない段階では、外注先企業を見つけるのにも苦労します。
SEOはツールを導入したり、外注すれば自動的に順位が上がるようなものではなく、また全ての作業を外注できるものではありません。
本書で解説しますが、実施すべき施策や、現在の課題を明確に把握した上で、外注すべき作業を洗い出しましょう。

SEOに関するよくある疑問

Googleの進化によって、古いSEO手法は通用しなくなりましたが、今でも古い手法で SEOを行っているウェブサイト運営者は少なくありません。効果の無い古い施策に時間をかけるのではなく、ユーザーに価値をもたらす施策を行いましょう。

古いSEOの具体的な例

例えば以下の項目については、現在のGoogleに対しては全く効果がありません。

▶ キーワード含有率 (キーワードバランス) を一定以内にする
▶ SEOに効果的とされる文字数に合わせてコンテンツを作る
▶ インデックス数を増やす
▶ メタキーワードを記述する
▶ 相互リンクはできるだけ多く

キーワード出現率やキーワードバランスとは？

以前の検索エンジンでは、キーワードの数を調整することで順位が上がることがありました。特定のキーワードが何回も使用されているページは、そのキーワードに関連するページであろうと検索エンジンが判断していたからです。

しかし、文章や単語の意味を理解する能力を身に付けつつある現在の検索エンジンに対しては、単語ベースでの調整はほぼ無意味となっています。

SEOに効果的な文字数とは？

検索エンジンに評価されるための最低限必要な文字数といったものはありません。コンテンツは検索ユーザーに向けて作成するため、文字数ばかり多くて内容が薄いコンテンツは当然評価されません。

一方で文字数が少なくてもライバルコンテンツよりもランキングで上位になることはあります。

ポイントはライバルよりも質の高いコンテンツであるかどうかであって、文字数の多さではありません。

インデックス数は多いほうが良い？

　ウェブサイトの規模が大きければ大きいほど、Googleの評価も高くなるということはありません。文字数のみ多い内容の薄いページを大量に増やしても、検索エンジンからは評価されません。重要なのは量ではなく質です。

　なお、大量に内容の薄いページを作成した場合には、ページの評価が分散されるばかりか、アルゴリズムによって低品質なウェブサイトとみなされる可能性もあります。ウェブサイトに悪影響を与える可能性の方が高いかもしれません。

そのほか効果的と噂される施策

　以下の項目も同様に効果は無いとされている施策です。

検索広告を利用すればオーガニック検索順位も向上する？

　Googleが明確に否定しています。

ドメインエイジは古い方が良い？

　ドメインの運営歴が長いほど多くのリンクを獲得している可能性は高いかもしれませんが、ドメインエイジのみを判断基準にすることには全く意味はありません。

更新頻度が高ければ検索順位で優遇される？

　ウェブページをユーザーの利便性向上を目的に最新に保つことには意味がありますが、更新頻度自体には価値はありません。例えば毎日あるページの一文を変更したからといって、Googleから評価されることはありません。

正しいHTMLを記述すると順位で優遇される？

　HTMLの記述の正しさ自体はランキング要素ではありません。Googleのクローラーは HTMLの文法ミスや誤りを補正して理解する能力があります。最低限正しく表示されていることが確認できていれば、検索順位に悪影響を与えるといったことはありません。

たくさんクリックされれば上位表示される？

　GoogleはCTRやクリック数をもとに検索順位を決めているわけではないと明確に否定しています。

第 3 章

自身のウェブサイトの現状と
課題を把握する

多くの稼働時間を必要とする施策を行う前に、担当しているウェブサイトで技術的な問題点が無いことを確認しましょう。点検によってウェブサイトを万全な状態にすることで、プロモーションの効果を最大化できます。

現状把握
検索パフォーマンスを把握する

Googleが提供する無料のSearch Consoleを導入することでウェブサイトの検索パフォーマンスを調べることができます。ここではデータを特定のページやデバイスに絞り込んだ上で、検索ユーザーに使用される検索クエリを調べる方法について解説します。

ページごとの検索クエリのパフォーマンスを確認する

Google、Yahoo!、そしてBingは、検索ユーザーのセキュリティを保護するため、サービス全体のSSL対応を完了させています。そのため、Googleアナリティクスでは、調べたいウェブサイトの検索集客に貢献しているキーワードを特定することができません。

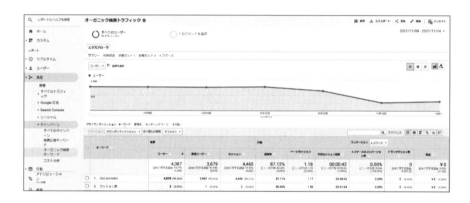

Googleの検索クエリのデータを確認する場合は、Search Consoleの検索パフォーマンスから確認できます。

集客に貢献したクエリをページごとに調べるには、次の手順で操作します。

> **MEMO**
>
> 残念ながらYahoo!に関してはGoogle Search Consoleのようなオーガニック検索クエリのパフォーマンスを調べる管理ツールは提供されていません。Googleのデータを参考に状況を把握しましょう。

1 Search Consoleにログインして、左メニューの「検索パフォーマンス」内の「検索結果」をクリックします**①**。ここではウェブサイト全体で集客に貢献しているクエリが一覧表示されます。

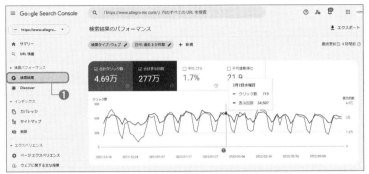

2 ページごとにパフォーマンスを調べるため、タブから「ページ」**①**を選択します。

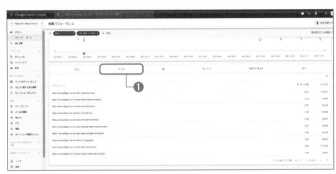

3 調べたいページのURL部分をクリックし、タブから再び「クエリ」を選択すると、次のように選択したページで検索に使用されたクエリを確認することができます。
ここでは「クリック数」、「表示回数」、「CTR」、「検索順位」の全ての指標を選択して表示させています。

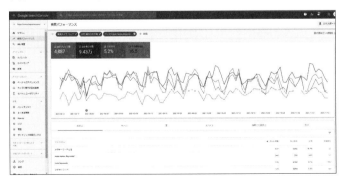

使用されるクエリを把握して、ページの傾向をつかみましょう。

SEOによってクリックや表示回数が改善しているか、全体的に数値が悪くなっていないかといった点もここで確認していく事ができます。

CTRが想定よりも低い場合には、タイトルタグやメタディスクリプションを改善しましょう。

≡ モバイルとPCで使用される検索クエリの傾向を把握する

検索クエリはデバイスによっても傾向が大きく異なります。モバイルで検索されるクエリとPCで検索されるクエリを比較してみましょう。

1 左メニューの「検索パフォーマンス」内の「検索結果」をクリックします（前ページ手順**1**を参照）。

2 タブから「デバイス」を選択します（前ページ手順**2**を参照）。

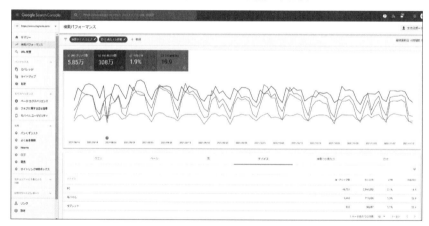

3 「PC」、「モバイル」、「タブレット」の3
種類のデバイスで傾向を比較すること
ができます。「+新規」をクリックして、
「デバイス...」を選択して**❶**、「比較」
タブをクリックします**❷**。比較対象の
デバイスを選択して「適用」をクリック
します**❸**。

4 全ての指標にチェックをつけて、タブから「ページ」を選択すると次のようなグラフと表が表示されます。

　PCでは「表示回数」が多いが、モバイルではほとんど検索されないページなど、端末ごとの検索の傾向がつかめます。デバイス間で平均掲載順位に極端な差があるようであれば、そのデバイス上で表示されるデザインやレイアウトなどを最適化して、そのデバイスを使用するユーザーの利便性を高め、平均掲載順位の差を少なくしていくことができます。

MEMO

市販ツールやそのほかの無料ツールと比較しても、Google Search Consoleは、実際の検索クエリのパフォーマンスを把握する上で、最も信頼できるデータを提供してくれます。
例えばGoogle キーワードプランナーの場合には、提供される月間平均検索ボリュームは、完全一致で検索されたクエリの回数ではなく、対象のクエリとその類似パターンを含めた検索回数が示され、Search Consoleのクエリの表示回数よりも大きい値となります。

検索ユーザーが使用する
デバイスを把握する

ウェブサイトのユーザビリティは検索ランキングにおいてGoogleが重要視する要素です。既に検索市場全体におけるモバイルユーザーの比率はパソコンを上回っているため、スマホユーザーの利便性には細心の注意を払う必要があります。

モバイルユーザビリティはランキングファクターの一つ

ウェブサイトのモバイル対応はSEOだけでなく、オンラインマーケティングにおいて既に必須の要素です。

Googleもスマートフォンユーザーの利便性を重視した検索アルゴリズムに改良しています。Googleが発表している取り組みには次のようなものがあります。

モバイルフレンドリーコンテンツをモバイル検索で優遇

2015年2月にモバイルフレンドリー(モバイルに対応した)コンテンツをランキングシグナルに加えると発表がありました。詳しくは後述しますが、スマホで使いやすいページかどうかによって、モバイル検索結果の順位に影響します。

例えば、あるクエリのデスクトップ検索で上位のページであっても、そのページがモバイルフレンドリーでなければ、モバイル検索では順位が下がる可能性があります。

逆にライバルコンテンツがモバイルフレンドリーなページでなければ、自身が手掛けたモバイル対応ページの方が評価されることもあります。

モバイルファーストインデックス

2019年7月にすべての新規ウェブサイト(ウェブに新しく追加されたサイトまたはGoogle検索が認識していなかったサイト)では、デフォルトでモバイル ファースト インデックス登録が有効化されると発表されました。

以降は、デスクトップコンテンツではなく、モバイルコンテンツをメインに評価するようになりました。ウェブサイト運営者もモバイルユーザーの利便性に注目する必要があります。

ウェブサイトのデバイス別ユーザー比率を確認しよう

ここでは自身のウェブサイトのデバイス別ユーザー比率を確認しましょう。

　一般消費者向けビジネスのウェブサイトの場合には、モバイルユーザーが圧倒的に多くなる傾向にあります。

　企業向けビジネスのウェブサイトの場合には、デスクトップユーザーが多いこともあります。

　ウェブサイトのユーザー傾向を調べるには、Googleアナリティクスを活用します。

1 Googleアナリティクスにログインします。

2 左メニューの「ユーザー」を展開し、「モバイル」の「概要」をクリックします❶。

　現在のウェブサイトがGoogleにモバイルフレンドリーと認識されているかどうかを調べるには、Search Consoleを使います。

1 Search Consoleにログインし、調べたいウェブサイトのプロパティを選択します。

2 左メニューの「エクスペリエンス」内の、「モバイル ユーザビリティ」をクリックします❶。

　モバイル対応できていないページがリストアップされます。ウェブサイト全体がモバイル対応していない場合には、全てのページが抽出されるはずです。

　改善方法については後述しますが、問題を全て改善することでモバイル検索の評価が高まります。

モバイル端末で実際に
コンテンツをチェックする

モバイル対応施策を行った後には必ず自身のモバイル端末やChromeの検証機能を使って「レイアウトがずれていないか」などの検証を行いましょう。

Chromeを使って正しく表示されているか確認する

モバイル対応後には、手持ちのスマートフォンの実機で正常に表示されているか、フォームやリンクなどが動作するかを必ず検証しましょう。検証で使用できるスマートフォンが限られている場合には、Chromeの機能を使うと便利です。

1 対象のページをChromeで表示させ、ページ上で右クリックし❶、「検証」をクリックします❷。

2 キーボードの Ctrl + Shift + M を押下します。

3 ドロップダウンリストからデバイスを切り替えて疑似的に表示を検証することができます。

Google botは検索用にページをレンダリングする際には、最新のChromiumレンダリングエンジンを使用しています。Chromiumベースで開発されたChromeを使用してユーザーと検索エンジンの両方の観点で正常に動作するかをテストし、問題点があれば修正しましょう。

修正後のユーザー行動の変化を確認する

ウェブサイト全体でモバイル対応を行った場合には、一定期間経過した後に、実施前と実施後のユーザー行動の変化や、修正によって利便性が改善したかどうかを確認しましょう。ユーザーの行動の変化の概要を見るには、Googleアナリティクスで次の手順で確認します。まずは旧来のユニバーサルアナリティクスからご覧ください。

ユニバーサルアナリティクスの操作手順

1 Googleアナリティクスにログインし、左メニューの「ユーザー」の「概要」をクリックします。

2 「セグメントを追加」から、「モバイルトラフィック」のセグメントを指定します❶。

3 日付の箇所をクリックして「比較」にチェックをつけ**❶**、実施日を基準に一定期間で実施前、実施後を比較します。

4 以下のようなデータが表示され改善の度合いを確認することができます。

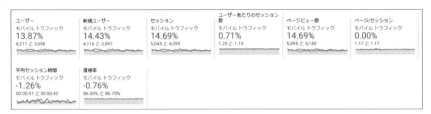

　ユニバーサルアナリティクスではなく、新しいGA4（Googleアナリティクス4プロパティ）を使用した場合の確認手順は、次のとおりです。

GA4の操作手順

1 Googleアナリティクスにログインし、左メニューの「レポート」をクリックして、「テクノロジー」の「ユーザーの環境の詳細」をクリックします。

2 画面右中段の表の「ブラウザ▼」と表示されている箇所からプルダウンをクリックして、「デバイスカテゴリ」を選択します**①**。

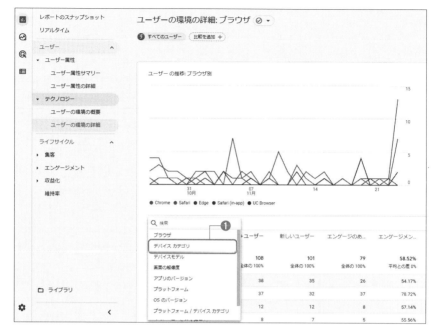

3 日付の箇所をクリックして「比較」に切り替えて、実施日を基準に一定期間で実施前、実施後を比較します。

デバイス カテゴリ ▼ ＋	↓ユーザー	新しいユーザー	エンゲージのあっ…	エンゲージメント	エンゲージのあっ…ユーザーあたり)	平均エンゲージメ…	イベント数すべてのイベ… ▼	コンバージョンすべてのイベント ▼	合計収益
合計	128 40 との比較 ↑ 223%	118 40 との比較 ↑ 195%	191 44 との比較 ↑ 334.09%	70.48% 95.7% との比較 ↑ 26.58%	1.49 1.15 との比較 ↑ 35.63%	3 分 10 秒 1 分 38 秒 との比較 ↑ 93.47%	2,513 479 との比較 ↑ 424.63%	0.00 0.00 との比較 ↑ 0%	¥0 ¥0 との比較 ↑ 0%
1 mobile									
10月1日～2021年10月27日	87	82	77	61.11%	0.89	1 分 14 秒	868	0.00	¥0
9月3日～2021年9月29日	26	23	16	53.33%	0.62	0 分 50 秒	168	0.00	¥0
変化率	234.62%	256.52%	381.25%	14.58%	43.82%	47.92%	416.67%	0%	0%

モバイルユーザーの利便性を改善する意図で修正したにも関わらず「セッション」や「エンゲージメント」関連の値が改善されていない場合には、結果を詳しく分析する必要があります。

Googleからモバイルフレンドリーなウェブサイトと認識されていたとしても、最低限の基準に対応したにすぎません。ユーザーの行動や意図を理解し、ウェブサイトの利便性を高めていきましょう。

ブランド・ノンブランドクエリの パフォーマンスを把握する

プロダクトや企業名といったブランドクエリのインプレッションが増えるということは、ブランドが広く認知され始めていることを意味します。ここでは、ブランド認知度を示す指標を見ていきましょう。

ブランドクエリとは？

　ブランドクエリとは、主に特定の社名や商品名、サービス名を含むクエリを意味します。このようなクエリは、ナビゲーショナルクエリとも呼ばれ、検索ユーザーに十分認知されたブランド（例えばAmazonやFacebook、Yahoo）のウェブサイトへ移動する際に使用されます。

　見込み客は誰でも最初からブランドクエリで検索するわけではありません。最初は広告や検索エンジン経由で知り得たコンテンツ、SNSやクチコミを通してブランドを知ります。そしてそのブランドに興味を持つと、より詳しく調べるためにブランドクエリで検索します。

　また、購入後にそのブランドに満足した場合、使い続ける場合にはブランドクエリで引き続き検索し、長く利用することで信頼し、最終的にはロイヤルカスタマーになります。

　つまり、ブランドクエリは、最も購入に結び付きやすく、購入後の検索ユーザーにも使用されるクエリと言えます。

　もちろん例外もあり、モバイルアプリ関連のビジネスの場合はダウンロード後に検索することなくアプリを起動して使用するため、必ずしもこのような傾向とは一致しませんが、一般的にはブランドが魅力的でその認知度が上がれば、ブランド検索の回数も増えていきます。

　そしてブランドのファンが増えれば、購入やクチコミの機会も増えていきます。

ブランドスイッチの機会を減らす

　一方で競合企業がブランドスイッチ（ブランドの乗り換え）を意図してあなたのブランドクエリで検索したユーザーに対して、クリック単価が高くてもCPAが見合えば検索広告を表示させることもあります。

　この場合はあなたが自身のブランドクエリで広告表示させることで、ブランドスイッ

チの機会を減らすことができます。自身のブランドクエリであれば、競合が同様のことを行うのと比べて、広告の品質スコアも高いため、クリック単価を抑えて運用することもできます。

また、Googleはユーザー行動に関する様々なデータを順位決定の指標として使用しているため、ブランドクエリの数が増えるということは、オーガニック検索の評価においてもプラスに働く可能性があります。

もちろんGoogleは様々なデータの組み合わせによって検索順位を決めているため、ブランドクエリの検索回数だけを見ているということはありません。自身で毎日何回もブランドクエリで検索しても意味はありません。

ブランドクエリとノンブランドクエリの数と割合を調べる

ブランドクエリに関する情報は、最も信頼できるデータを提供しているSearch Consoleを使って調べます。

以下の操作で確認しましょう。

1 Search Console にログインして左メニューの「検索パフォーマンス」内の「検索結果」をクリックします**❶**。

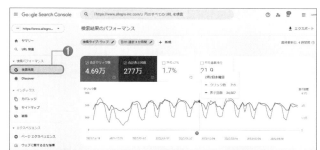

2 「+新規」をクリックして**❶**、「検索キーワード」をクリックします**❷**。

3 「次を含むクエリ」を選び、ブランドクエリを入力して❶、「適用」をクリックします❷。

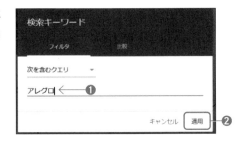

4 ブランドクエリを含むクエリが抽出されます。

上位のクエリ	↓ クリック数	表示回数
アレグロマーケティング	44	92
アレグロ	0	303
アレグロ 意味	0	18
アレグロ・アジタート	0	12
アレグロ 日本橋	0	10
アレグロ テンポ	0	6
アレグロ 意口	0	5
アレグロ 楽譜	0	4
アレグロ アジテート	0	3

　現在のブランドクエリの表示回数とクリック数に加えて、ブランドクエリとノンブランドクエリの比率も把握しておきましょう。ブランドクエリの表示回数やクリック数が少ないと感じる場合は、認知度の向上のために広告やSEO、クチコミの誘発を意識した施策が必要となります。そのほかにブランドに関連する商品やサービス自体の顧客体験を改善していくこともブランドクエリの表示回数やクリック数に大きく影響します。

　ブルーオーシャン戦略によって需要が増えていく新たな検索クエリについても、Search Consoleを使って同様に把握しましょう。これらのデータはSEOだけでなく後々検索広告にも応用していくことができます。

Section **05** 画像・動画検索の パフォーマンスも把握する

ビジネスによっては、画像や動画検索経由で一定のトラフィックを獲得していること もあります。画像検索で商品の見た目を確認して、購入する商品を絞り込む検索ユーザー も増えてきています。

検索タイプとは？

Search ConsoleではGoogleの各タブで検索された際のパフォーマンスも確認することができます。

検索タイプは以下の4つから選択できますが今後増えていく可能性もあります。

- ▶ ウェブ – Google検索の「すべて」タブに表示された検索結果
- ▶ 画像 – Googleの「画像」検索結果タブに表示された検索結果
- ▶ 動画 – Googleの「動画」検索結果タブに表示された検索結果
- ▶ ニュース – Googleの「ニュース」検索結果タブに表示された検索結果

「画像」「動画」「ニュース」検索のパフォーマンスを把握する手順

Search Consoleを活用して以下の手順に沿って検索タイプ別のパフォーマンスを 把握することができます。

1 Search Consoleにログインする。

2 左メニューの「検索パフォーマンス」内の「検索結果」をクリックする。

3 画面上部の「検索 タイプ」をクリッ クします❶。

4 フィルタから確認したい検索タイプを選択し**❶**、「適用」をクリックします**❷**。

5 選択した検索タイプに絞り込まれた状態でパフォーマンスが表示されます。

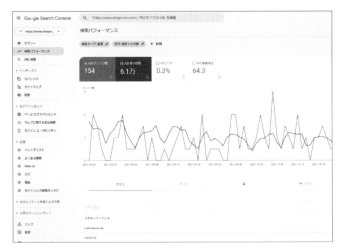

　画像検索で掲載される機会が多いのであれば、画像検索機会を増やすために、検索ユーザーの役に立つ画像コンテンツを充実させ、画像検索用のSEOを実施しましょう。

　画像、動画、ニュースともに検索される機会が無い場合は、現状のウェブサイトに検索ユーザーが興味を持つコンテンツが無いだけかもしれません。対象とする検索クエリの規模や推移のほか、クエリごとに表示が異なるSERP要素（ローカルパックなどの特定のブロック）を調べた上で、画像や動画、ニュースコンテンツ向けのSEOを行うべきか判断しましょう。もちろん新たな市場であれば、過去のデータにとらわれずに試してみる価値はあります。

　SERP要素の調査方法や施策については本書の第11章でカバーしています。

MEMO

> SERPとは、Search Engine Result Pageの頭文字をとった用語で検索結果ページを意味します。サープと呼びます。

被リンク獲得状況を把握する

ウェブサイトの運営が長く、積極的に情報を発信していれば、ある程度の被リンクは自然と獲得できているはずです。ここでは獲得した被リンクを確認する手順を解説します。

獲得した外部サイトからの被リンクをSearch Consoleで確認する

　自然獲得の被リンクは、現在のアルゴリズムでも重要な要素として位置づけられています。

　リンク評価は、単純にリンクの数だけで評価されているわけではなく、リンク元のページの質、リンク元ページのトピックの関連性、リンクのアンカーテキスト、リンク先ページのトピックの関連性などを総合的に判断しているようです。

　被リンクがSEOに与える影響は徐々に薄れていくと言われていますが、現在でも順位決定要素として使用されているため無視することはできません。

　外部ウェブサイトから獲得したリンクを確認するには、Search Consoleを使って次の手順で操作します。

1 Search Consoleにログインして、ウェブサイトを選択します。

2 左メニューの「リンク」をクリックします**①**。

▶ 外部リンク

　「上位のリンクされているページ」は、外部サイトからリンクされている自身のウェブページのうち、リンク数が多い順に表示されます。

「上位のリンク元サイト」は、リンク獲得数が多い外部ウェブサイト順に表示されます。

3 「上位のリンク元
サイト」のドメイ
ンのうち一つをク
リックすると、外
部サイトからリン
クが張られている

ページとリンク数を確認することができます。

4 「上位のリンクさ
れているページ」
のページURLを
クリックするとそ
のページに張られ
た外部サイトから
の被リンクを確認
することができま
す。

再び左メニューの「リンク」をクリックして「外部リンクをエクスポート」ボタン
をクリック、「最新のリンク」を選択すると、CSV、Excel、Googleスプレッドシート
形式で被リンクデータをエクスポートすることができます。

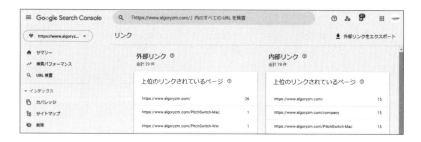

まずは獲得した被リンク元のサイトを把握しましょう。獲得した被リンクを活用
する方法については本書の第10章でもカバーしています。

ウェブサイトの現状の技術的な問題点を調査する

Googleに認識されているウェブサイトであれば、Search Consoleを利用することでインデックスやクロール、検索順位に大きな影響を与える問題点を素早く把握できます。まずはウェブサイトに大きな問題点が無いことを確認しましょう。

セキュリティの問題やガイドライン違反が無いことを確認

　セキュリティに問題がある場合や、スパム行為などによってGoogleのスタッフが実施する手動による対策が行われている場合には、Search Consoleを導入していれば、Search Console上にエラーが通知されます。アカウントのEメールアドレスにも通知が届くはずです。

　Search Consoleにログインし、以下の手順で問題が無いことを確認してください。

1 Search Consoleにログインして左メニューの「セキュリティと手動による対策」をクリックします。

2 左メニュー内の「手動による対策」をクリックします。特にGoogle検索での表示を妨げる問題点が無ければ以下のように表示されます。問題がある場合には、そのメッセージを確認して修正を行ってください。

3 次に左メニュー内の「セキュリティの問題」をクリックします❶。ここでも特に問題が無ければ次のように表示されるはずです。問題がある場合にはメッセージの内容を確認して対応しましょう。

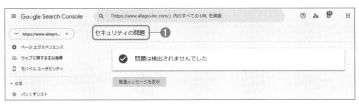

クロールやインデックスに関連する技術的な問題点を把握

XMLサイトマップやrobots.txt、noindexディレクティブ、canonical属性など、検索エンジンのクロールやインデックスを制御するファイルや記述に誤りがあった場合や、問題点があった場合にもSearch Consoleで通知されます。

次の手順で問題点が無いことを確認しましょう。

1 左メニューの「カバレッジ」をクリックします。

2 カバレッジのページ上に、エラー、警告、有効、除外タブが表示されます。

3 エラーや警告のメッセージについては必ず内容を確認しましょう。

各タブの内容は以下のとおりとなります。

エラー：ページがインデックスに登録されていない事を意味します。
警告：インデックスに登録されていても注意すべき点があります。
除外：インデックスから除外されているページです（意図的に除外しているものと、既にあるページと重複しているページなどが該当します）。
有効：インデックスに登録されている状態を意味します。

確認する優先度は低めでも構いませんが定期的に除外タブも確認しておくと良いでしょう。

いくつかのページで想定外のレスポンスコード（404エラーなど）を返しているケースのほか、逆に404エラーページで200レスポンスコードを返しているケース（ソフト404や重複ページとして検知されます）、意図せずにnoindexを設定しているケースなどを見つけることができます。

削除済みページや存在しないURLで200レスポンスコードを返している

200レスポンスコードの場合にはGoogleはインデックスの対象として判断しますが、削除済みの多くのページで200レスポンスコードを返している場合には、ソフト404や重複ページとして認識します。場合によってはウェブサイトの評価が分散し、重要なページに対するGoogleのクロール優先度が落ちてしまうこともあります。削除済みページは404レスポンスコードを返すか、301リダイレクトを設定して関連するページへ評価を統合しましょう。

Googlebot がアクセスできる状況か確認する

Googlebot がアクセスできないページは検索結果に反映されません。公開中のウェブサイトであれば Search Console で一通り問題点を把握することはできますが、公開前のウェブサイトやページの場合には事前にツールでチェックしましょう。

クロールやインデックスに影響を及ぼす設定ミス

重要なページを robots.txt でブロック

　トップページや商品ページも含め、検索結果で表示させたいページへの巡回をrobots.txt でブロックしていないことを確認しましょう。

noindex と robots.txt の併用

　検索エンジンに認識させたくないページに対して noindex と robots.txt を併用しないようにしましょう。robots.txt を設定すると、クローラーはそのページを辿れませんので noindex の記述を見つけることができません。

JavaScript や CSS をブロック

　現在の Google はクロール時に JavaScript や CSS も利用しています。

　例えば様々なボットのクロールによる負荷を軽減するために、CSS ファイル用のディレクトリごとブロックしてしまわないようにしましょう。

```
User-agent: *
Disallow: /css/
Disallow: /js/
```

　これらのファイルをブロックしてしまうとクローラーはページの内容を正常に表示できず、Googlebot は正しくそのページを認識できません。

重複コンテンツをブロック

　「www あり、なし」や「http / https」のバージョンで同じコンテンツが表示される場合には、それぞれのコンテンツで評価が分散することがあります。

　現在の Google は重複コンテンツで評価が分散した場合には、それぞれの評価を1つに統合することができます。そのため、一方の重複コンテンツを noindex や

robots.txtでブロックしてしまうと、逆に評価が薄まってしまいます。重複するコンテンツ上でrobots.txtやnoindexを使用せずに、canonicalや301リダイレクトを使用して評価の統合を行いましょう。

サーバー設定で海外のアクセスをブロック

Googleはほとんどの場合、米国からクロールしています。

セキュリティの強化を目的にサーバー側で国外からのアクセスをブロックしている場合、Googlebotを含め、主要な検索エンジンのアクセスまで制限してしまわないように注意しましょう。

Googlebotが正しくアクセスできるかどうかを確認するには、Search ConsoleのURL検査やモバイルフレンドリーテストツール、ページスピードインサイトといったツールを使用します。

> **MEMO**
> Googleが米国以外の国からクロールするケースもあります。例えば韓国では米国ユーザーのアクセスをブロックしているウェブサイトが多いため、Googleボットも韓国国内からクロールを行うようです。
> ただしこのようなケースは稀なため、基本的にはGooglebotがアクセスできるようにしておいた方が良いでしょう。

地域に対応したページをクロールしてもらう

GooglebotのIPアドレスは米国からと判定されるため、地域や使用言語に基づいて表示するコンテンツを切り替えている場合には、正常にクロール、インデックスされるとは限りません。

この場合は異なる地域ごとのURLに対してhreflangを使用して地域対応ページの存在をGoogleに知らせましょう。

公開前のウェブサイトは市販のツールを活用すると便利

本書をお読みの方向けに特典として3か月間無料でお試し頂けるSE Rankingの「サイトSEO検査」機能を活用すれば、全てのページを巡回してインデック

スやクロール、レスポンスコードを含むウェブサイトの問題点を検知してレポートしてくれます。

　サイトSEO検査には、「ログイン名」や「パスワード」「ユーザーエージェント」を設定できるオプションがあるため、ベーシック認証を必要とするテスト環境の場合でもSEOチェックを実施することができます。

　サイトSEO検査完了後には、ウェブサイトの全てのURLとともに以下のような情報を一覧で取得できます。取得したリストはExcelやCSV形式でエクスポートできます。

- ▶ URLプロトコル
- ▶ ステータスコード
- ▶ robots.txtによるブロック
- ▶ タイトル
- ▶ ディスクリプション
- ▶ 正規URL
- ▶ H1 / H2

　そのほか、サイトマップ内に含まれるURLかどうか、hreflang、X-Robots-Tagなども表示可能です。

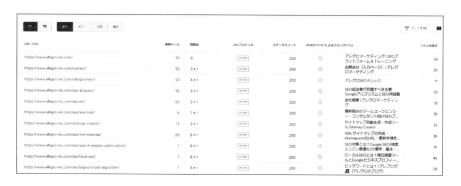

canonical属性の
設定ミスを避ける

インターネット上ではwww.example.comとexample.comの2つのページで同じ
コンテンツが表示されている場合、検索エンジンにとっては別々のコンテンツとして
認識されてしまうことがあります。

canonical属性とは？

canonicalはSEOでは比較的使用頻度の高い記述で、正規URLを指定するための
タグです。

URLの正規化とは同じコンテンツを表示する複数あるURLのうち1つを正式な
URLとみなすよう検索エンジン向けに記述する方法です。ウェブサイトの構造上自
動的に生成されてしまう重複コンテンツの評価を1つのURLに統合することができ
ます。

例えば次のようなURLのパターンで同じコンテンツが表示されるウェブサイトは
比較的多いかもしれません。

www有無	http://www.allegro-inc.com	http://allegro-inc.com
index.html有無	https://www.allegro-inc.com/index.html	https://www.allegro-inc.com
https／http	https://www.allegro-inc.com	http://www.allegro-inc.com
パラメータ有無	https://www.allegro-inc.com/?ref=blog	https://www.allegro-inc.com

これらのURLは、同じコンテンツが表示されていてもGoogleにとっては異なるペー
ジとして認識される場合があります。それでもGoogleは自動的に評価を統合しよう
としますが、正しく認識できなければページの評価が分散してしまうこともあり得ま
す。できる限り評価をコントロールしたい場合には、canonical属性を使用しましょう。

canonical属性はHTMLのhead内に設置するURL正規化を目的としたタグで、以下のように統一したいURLを指定して記述します。

```
<link rel="canonical" href="https://example.com/"/>
```

詳しい設定方法については本書の第9章で解説しています。ここでは誤って指定していないことを確認しておきましょう。

≡ canonicalの設定ミスを確認

比較的よく見かけるのは、ウェブサイト内のすべてのページで次のようにトップページのURLを指定してしまっているケースです。
（※example.comはウェブサイトのトップページと仮定します。）

```
<link rel="canonical" href="https://example.com/ "/>
```

全てのページでトップページに向けてcanonical属性を記述している

全てのページの評価をトップページに集め、トップページを上位表示させる意図で設定しているケースが多いように見受けられます。

canonical属性で指定するURLは、あくまで類似、または全く同じコンテンツが表示されていなければなりません。

もし全てのページでトップページを指定したcanonical属性を記述した場合には、Googleはおそらく無視するでしょう。

URLのパスの指定が誤っている

canonical属性で指定するURLの形式は、絶対パス、相対パスのどちらもサポートしています。相対パスは現在の位置関係をもとにした指定方法です。

例えばhttps://example.com/contact.htmlのページから同じフォルダにある「comapny.html」へリンクする際には、相対パスでは次のように記述します。

```
<a href="/campany.html">会社概要</a>
```

一方で絶対パスは以下のようにhttp://やhttps://から始まるURLを記述します。

```
<a href="https://example.com/campany.html">会社概要</a>
```

例えば次のような記述はどちらも正しく処理されます。

```
<link rel="canonical" href="https://example.com/contact.html "/>    絶対パス
<link rel="canonical" href="/contact.html "/>                       相対パス
```

比較的多いミスとしては次のようなパスで記述してしまうケースです。

```
<link rel="canonical" href="example.com/contact.html "/>
```

https://を省いてしまうと、次のURLを意味する相対パスとなります。

```
https://example.com/example.com/contact.html
```

（※これは一般的なリンクの記述でも見かけるミスです。）

誤ってcanonical属性で指定しても、Googleは記述を無視して処理しますが、そのまま処理されてしまう可能性もあります。重要なページのHTMLのソースコードを見て、canonical属性の指定が正しいかチェックしておきましょう。

モバイルフレンドリーで あることを確認する

Google の検索エンジンは、スマートフォンが無い時代からデスクトップ向けコンテンツを評価していましたが、現在ではスマートフォン向けコンテンツをメインに評価するモバイルファーストインデックスに切り替わっています。

モバイルファーストインデックスとは？

デスクトップ検索やモバイル検索において、現在ではモバイル版ページのコンテンツを軸に評価し、デスクトップ検索の際にはデスクトップページの特定の要素を評価要素として補助的に使用しています。

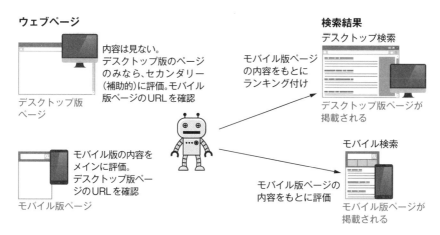

今でもビジネス用のウェブサイトの場合には、公開前のコンテンツ確認作業をデスクトップのみで済ませてしまう人も多いのではないでしょうか。

検索エンジンや検索ユーザーの利便性を考慮するのであれば、自身のウェブサイトの訪問者が圧倒的にデスクトップ利用者であったとしても、必ずモバイル端末やそれに相当する環境でテストするようにしましょう。

モバイルユーザビリティのエラーを確認する

モバイルユーザビリティは、モバイル検索に影響する評価指標です。モバイルユーザビリティの対応状況が悪ければ、モバイル検索の評価も相対的に下がり、検索順

位も下がります。

　モバイルユーザービリティは、モバイルユーザーに対して最低限考慮すべき項目です。具体的に個々の項目を見ていきましょう。

　Search Console の「モバイルユーザビリティ」では、モバイルユーザビリティの問題点や、スマホ対応の条件をクリアしていない問題のあるページを一覧で抽出することができます。

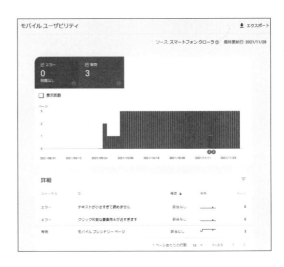

　各エラー項目については次の通りです。

互換性のないプラグインを使用しています

　Flashはアニメーションや動画、ゲームをウェブ上で利用できるファイルです。Flashは主要なブラウザでサポートが終了しています。スマートフォンで一般的ではないソフトウェアを使用している場合には、モバイルフレンドリーではないとみなされます。

ビューポートが設定されていません

　ウェブサイトを利用するデバイスには、デスクトップやノート、タブレット、スマートフォンなどがあります。それぞれの端末の画面サイズにレイアウトを合わせるために、次のようなmeta viewport タグを使用してビューポートを指定します。

　ビューポートとは、モバイル端末のウェブ表示方法を指定するための記述で、HTMLの<head></head>内に記述します。

```
<meta name="viewport" content="width=device-width, initial-scale=1">
```

デスクトップ表示　　　　　　　　　　　　　　　　モバイル表示

　ビューポートの指定が無い場合は、モバイル端末でページを表示した際に、デスクトップ画面の幅でページを表示してしまうことになり、文字が小さく、タップしにくくなります。

ビューポートが「端末の幅」に収まるよう設定されていません

　モバイル専用のページをデザインする際には、ビューポートを固定幅で設定することはありますが、各端末の画面サイズに合わせて調整する場合には、端末の幅に合わせて指定します。

```
固定幅        <meta name="viewport" content="width=640">
端末の幅      <meta name="viewport" content="width=device-width">
```

コンテンツの幅が画面の幅を超えています

　横スクロールを必要とするページがあった場合にエラーが表示されます。画像や要素が画面からはみ出すと横スクロールが発生します。ユーザーが横にスクロールしたりズームしたりする必要がないよう、コンテンツのサイズが画面のサイズと一致していなければなりません。

テキストが小さすぎて読めません

　フォントサイズが小さすぎる場合に、エラーが表示されます。小さすぎる文字は拡大する必要があり、読みにくいコンテンツとなります。

クリック可能な要素同士が近すぎます

　ボタン、リンクなどのタップ要素同士が近すぎるとエラーが表示されます。リンクが近すぎてタップしにくい場合には、意図したリンクではない要素をタップしてしまうことになり、使いにくいページとなります。

ユーザー体験を阻害する 要因がないか確認する

Googleはユーザー体験を重要視し、検索順位に影響する要素として扱っています。
Search Console上でページ体験に関する問題点を把握しましょう。

Search Consoleのページエクスペリエンスを活用する

2021年6月16日にGoogleはページエクスペリエンス アップデートを行いました。
ページエクスペリエンスの指標は、ページ単位で評価に影響を与えますが多くのページで同じ問題が発生している場合はサイト全体に影響を与えることもあるようです。

Search Console では左メニューの「ページエクスペリエンス」内でユーザー体験に関連する状態をレポートしてくれます。

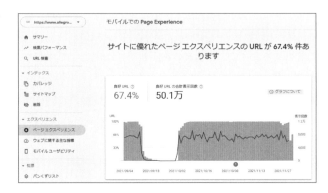

先に解説したモバイルユーザビリティのほかに、ウェブに関する主な指標（コアウェブバイタル）、サイト全体のHTTPS対応も「エクスペリエンス」に含まれています。

ページエクスペリエンスシグナルの状況を確認

まずは「ウェブに関する主な指標」「モバイルユーザビリティ」「HTTPS」の状況を
Search Consoleで確認しましょう。
特に、「モバイルユーザビリティ」と「ウェブに関する主な指標」で何かしら問題
点がレポートされた場合には、該当する箇所をクリックして詳細を把握しておきましょう。修正方法については、本書の第9章で解説しています。

≡「ウェブに関する主な指標」を確認

左メニューの「ウェブに関する主な指標」をクリックして問題点に関する詳しい状況を把握しましょう❶。

ページ上で「モバイル」と「PC」それぞれの状況を確認することができます。モバイルのレポートの詳細を確認するには、「レポートを開く」をクリックします❷。

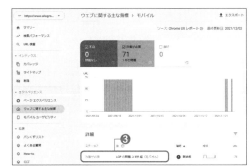

更に詳しく見ていく場合は、ページ中段の「詳細」セクション内の表の該当エラー箇所をクリックします❸。

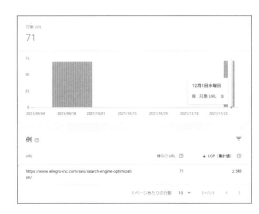

エラーが検知されている代表的なURLが表示されます。URLをクリックすると、エラーを持つ類似のURLが一覧表示されます。後ほど修正するために、問題が発生しているページを把握しておきましょう。

HTTPステータスコードの誤りを把握する

ウェブサイトを公開前後で全てのページのHTTPステータスコードを把握することは重要です。検索エンジンのクローラーはクロール、インデックスのシグナルとしてページのレスポンスコードを使用します。

Search Consoleでは全てを把握しにくい

Search Consoleのカバレッジ内を細かく見ることで、Googleが認識しているウェブページの404エラーページやリダイレクトのあるページを把握することはできますが、ウェブサイト内のページ全体のHTTPステータスコードを把握することはできません。

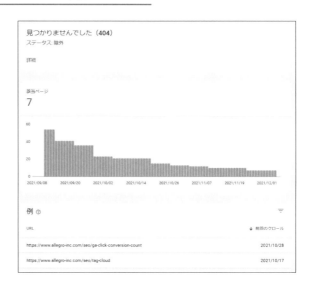

Search Consoleの場合は、公開前のウェブサイトのチェックを行うことができませんので、HTTPステータスコードを一覧で取得する場合には市販ツールを活用すると良いでしょう。

デスクトップPCにインストールして使用することができる「Screaming Frog SEO Spider」は代表的です。それ以外にも本書でご利用頂けるクラウドタイプのツールのSE Rankingで巡回したURLのHTTPステータスコードを一覧で確認することができます。

ツールを使ってHTTPステータスコードを確認する

SE Rankingの場合は、最初に管理対象のウェブサイトをプロジェクトとして登録

し、プロジェクト設定を完了させましょう。標準の設定を特に変更しなければ、SE Rankingが登録されているウェブサイトの全てのページを素早く巡回し、完了するとメールで通知が届きます。

　全てのページのHTTPステータスコードを把握する場合は、次の手順で操作を行います。

1 SE Rankingにログインします。

2 左の垂直ナビゲーションメニューから「サイトSEO検査」をクリックし❶、登録したプロジェクトを選択します❷。

3 再び左の垂直ナビゲーションメニューから「サイトSEO検査」セクション内の「クロール済みページ」サブセクションをクリックします❶。

4 クロール済みページのURLとHTTPSステータスコードを含む関連するデータがリストアップされます。

　データはExcel、CSV形式でエクスポートできるようになっています。お好みのソフトウェアでデータを表示し、想定外のステータスコードが記録されているURLが無いことを確認しましょう。

リンク切れを把握する

ウェブサイトの運営歴が長いほど、リンク切れは増えます。訪問者がリンク切れを見つけた場合、それが重要なページであれば不満を感じます。複数のリンク切れがあれば、そのウェブサイトの品質に疑問を持つかもしれません。

リンク切れが検索エンジンへ与える影響

規模が大きなウェブサイトで多くのリンク切れが発生している場合には、クロールバジェットと呼ばれるウェブサイト全体に割り当てられているクロールの容量を無駄に消費してしまい、本来クロールして欲しいページが放置されてしまう可能性があります。

また、リンクは検索順位を決定するシグナルにも活用されているため、リンク切れによって本来転送されるべきリンク評価を失ってしまう可能性もあります。

ユーザー、検索エンジンのどちらに対してもリンク切れはできるだけ無くすように心がけましょう。

サイト内で検知される404ページへの被リンクはSearch Consoleで確認

外部サイトからのリンクや、管理しているウェブサイトのページ間リンクで404が発生していれば、Search Console内で見つけることができます。次の手順で確認してみましょう。

1 Search Consoleにログインして、「カバレッジ」をクリックします。「除外」タブをクリックし**①**、「見つかりませんでした（404）」を選択します**②**。

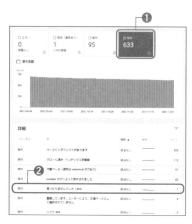

2 404ページが一覧表示され、エクスポートすることができます。URLをクリックして**①**、「URLを検査」を選ぶと**②**、参照元のリンクを調べることができます。

後ほど修正できるように参照元ページを調べてエクスポートしたリストに含めておきましょう。

参照元ページが一切ない場合もあります。この場合は過去に巡回したことのあるページをGoogleが再クロールしているだけですので、特にリストに含める必要はありません。

誤ったURL(404)でリンクを張られてしまった場合

外部からのリンクURLに記述ミスがあるケースは稀に発生します。この場合、外部のウェブサイト運営者にリンク設置ミスを報告しても修正されるとは限りませんので、重要なリンクであればリンクミスのURLに対して301リダイレクトを使用して正しいページへ誘導しましょう。Googleにも外部サイト運営者にもそのリンクを辿ってきた訪問者に対しても親切な対処となります。

外部サイトへのリンク切れを確認

Search Consoleで確認できるリンクは、プロパティとして登録したウェブサイトのみです。そのため、管理しているウェブページから外部サイトへのリンクでリンク切れが発生しても検知することはできません。

この場合は、SE Rankingのような市販ツールの活用をおすすめします。以下の手順で確認することができます。

1 SE Rankingにログイン⇒該当プロジェクト⇒サイトSEO検査⇒問題点レポートの順で移動します。

2 「HTTPステータスコード」のセクションまでスクロールして、「4XX への外部リンク」
のページの値部分をクリックします①。

このセクション内で画像のリンク切れもチェックすることができます。

外部サイトの状況を常に把握することは難しいので、ツールを活用して定期的に
点検するようにしましょう。

MEMO

リンク切れ自体は、ユーザーの利便性を下げ、ページランクの受け渡すことができな
いといったデメリットはありますが、サイト全体の評価が低下するほどの強い影響
は無いようです。

外部へのリンクも含めてリンク切れが発生していること自体は神経質になる必要はなく、
すぐに修正が必要なほど重要というわけではありません。

長くウェブサイトを運営すればリンク切れも増えていくため、年に数回程度はリン
ク切れの確認と修正を行うと良いでしょう。

ツールを活用して定期的に自動でリンク切れの状況を把握しておけば、いつでもす
ぐに修正に取り掛かれます。

第 **4** 章

競合とターゲット検索
ユーザーの状況を調べる

ターゲット層が使用する検索クエリを把握し、そのクエリの意図を
正確に理解することは、SEOや検索広告によるプロモーションの成
功の鍵を握ります。この章では具体的な手順とツールを活用した調
査方法を解説します。

01 検索ユーザーが使用する 検索クエリをリストアップする

Googleが検索広告による収益を確保し続けるには、多くのユーザーの役に立つSERPを提供する必要があります。私達がSEOを行う場合はGoogleの目的に寄り添う必要があります。

SERPで考慮すべき3つの視点

Google検索から見込み客を獲得したいのであれば、Googleと同じ方針でウェブサイトやコンテンツを開発していく必要があります。

ここではSEOの成功の鍵を握る検索クエリ選定に必要な3つの視点について解説します。

一般的には軸となるキーワード（例えばレンタル家具のウェブサイトであれば「家具 レンタル」、オンライン会議のクラウドサービスであれば「オンライン会議」など）を想定した上で調査を広げていくこととなりますが、これだけでは不十分です。

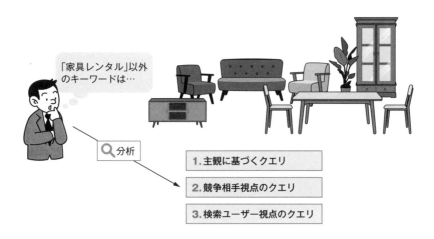

競合サイトが重要視している検索クエリや、今後成長する可能性のある新たな検索クエリも含めるために、本書では以下の視点で詳しい調査を実施した上で、検索クエリをリストアップする方法をおすすめします。

1. **主観に基づくクエリ**

   第1章Section04で取得した顧客からのアンケートをもとに、想定されるキーワードや、認知を広めたいブランドキーワードや汎用的なカテゴリ名（機能や商品カテゴリ）を抽出します。

   第3章Section01で確認したSearch Consoleのデータの分析結果から、継続して監視したいクエリ、クリック数を伸ばしていきたいクエリを抽出します。

2. **競争相手視点のクエリ**

   検索競合調査ツールを使用して競争相手が既に上位表示を実現している検索クエリや広告で継続的に使用している検索クエリを抽出し、ページコンテンツや広告を把握します。

3. **検索ユーザー視点のクエリ**

   検索されたいクエリの軸となる単語から、検索ユーザーが実際にGoogle検索で使用している関連キーワードやサジェストキーワードを含むキーワードリストを抽出します。

まずはこの段階では**1.**の方法でキーワードをリストアップしてみましょう。充分なアンケート結果やSearch Consoleのデータが無く、想定するキーワードがわからない場合には、競合ウェブサイトが集客できているキーワードを調査することから始めると市場の状況を把握しやすいかもしれません。

> **MEMO**
>
> 検索キーワードは、SEOでは、最適化対象の語句やフレーズを意味し、ページ上でキーワードを意識して最適化します。
>
> GoogleのヘルプによるとGoogle広告の広告主が設定する語句やフレーズのことを検索キーワードと言います。
>
> 検索クエリは検索ユーザーが使用する語句やフレーズを指します。クエリの意味を理解することで、SEOや検索広告を効率的に運用することができます。

検索上におけるビジネスの競合は、直接的な競争相手であるとは限りません。検索上では広告を含むクエリの順位を競い合うため、ニュースメディアやビジネスブログ、販売店などが該当する場合もあります。

競合となるウェブサイトを認識する

　第1章のSection01〜05の中で、ビジネス上の競合となるウェブサイトや企業はリストアップできているはずです。そうでない場合は以下の方法でまずは競合となるウェブサイトを認識しましょう。

1 社内の営業チームからヒアリングを行い、直接的な競合をリストアップする。
2 オンライン上での競合を把握するために、ターゲット層が検索しそうなクエリで上位表示される競合のウェブサイトをリストアップする。

　競合サイトがどのようにそのウェブサイトやプロダクトをプロモーションしていて、購入前の見込み客をどのような方法で獲得しているかを把握することで、あなたの関わるウェブサイトやプロダクトにその手法を応用することができます。

　第2章のSec.01〜03の中で解説したことのおさらいとなりますが、具体的なプロモーション手法としては以下のようなものがあります。

> ▶ 自然検索クエリでの上位表示を狙ったハウツー記事のブログ
> ▶ 検索広告
> ▶ 直接的な参照トラフィックやSEO効果を意図した被リンク獲得施策
> ▶ SNSの共有による拡散を狙ったコンテンツ（または広告）
> ▶ そのほかのディスプレイ広告

　これらの手法に加えてそれぞれのプロモーション手法の目標も把握しましょう。

見込み客獲得につながる競合の目標を確認

　競合のウェブサイトを実際に見た上で、見込み客の連絡先情報（Eメールアドレス

や電話、名前）をどのような方法で取得しているかを確認しましょう。

設定される目標としては、以下のようなものが一般的です。

- ▶ 見積りや資料のダウンロード
- ▶ 試用版（無料トライアル）の申し込み
- ▶ 定期購読
- ▶ アプリのインストール

セールスファネルに当てはめて競合の戦略を把握しましょう。

見込み客の連絡先情報を効果的に取得するためには、その引き換えとして見込み客にとって魅力的な条件が必要となります。

競合よりも魅力的な条件を提供できれば、より効率的に見込み客を獲得できるようになります。

競合サイトのオンライン戦略を把握する

一方で競合ウェブサイトや検索結果の状況を目視で調査しただけでは、競合が実際に自然検索や検索広告で集客しているキーワードを把握することはできません。

また、GoogleアナリティクスやSearch Console、そのほかGoogleから提供される無料ツールでも競合のデータまでは調査することができません。

このような場合は、市販のツールが役に立ちます。

次のSectionでSE Rankingの競合調査ツールを活用した調査方法について詳しく解説します。

> **MEMO**
>
> 競合データを提供するツールはいくつか存在しますが、正確なデータを提供できるツールは当然存在しません。
> 通常は取得したデータを補正したものとなるため、データの取得方法によって補正値に偏りが生じます。
> SE Rankingの場合には、SE Rankingが調査しているクエリの検索順位とその順位に相当するクリック率、月間平均検索ボリュームを掛け合わせた数値でトラフィックを算出しています。

03 | 競合のオーガニック検索状況を調べる

競合のオーガニック検索トラフィックや集客キーワードなどの状況を把握することで、有望なキーワードの見落としを減らしSEOを行う対象クエリのリストを拡張することができます。

≡ SE Rankingで競合のオーガニック検索クエリの状況を把握

競合のオーガニック検索状況を調べる場合には、SE Rankingの競合調査ツールを活用すると便利です。

提供されるデータは様々なクエリに関するGoogle検索結果を定期的に調査したもので、クエリの月間平均検索ボリュームや難易度、CPCも表示されます。

以下の手順に沿って操作します。

1 SE Rankingにログインして、上部メニューの「競合調査」をクリックします**❶**。

2 サブドメインを含むドメイン全体で集客しているオーガニックキーワードを調べる場合は、「*.domain.com/*」を選択します。サブドメインを含めずに特定ドメインで調査する場合は、「domain.com/*」を、特定のURLで調査する場合は、「url」を選択します**❷**。

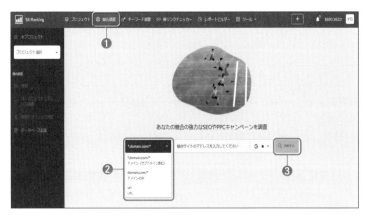

3 競合サイトのドメイン入力欄に調査対象のドメインやURLを入力して「分析する」ボタンをクリックします**❸**。

4 ドメインやページの品質を示す指標や、オーガニック・検索広告トラフィックの推移、被リンク獲得状況が表示されます。

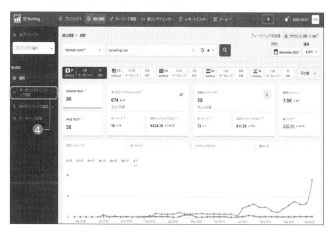

5 次に左メニューの「オーガニックトラフィック調査」をクリックします**④**。

6 実績のあるオーガニック検索クエリが各クエリの前月の順位や、検索規模、トラフィック予測値の情報とともに一覧で表示されます。

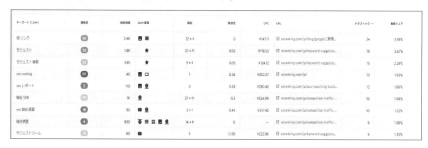

7 「エクスポート」ボタンをクリックする事でキーワードのリストをExcelやCSV形式でエクスポートすることができます。

　抽出されたクエリの中で、対象キーワードのリストとして明らかに不要なものは削除しましょう。また、クエリを見ただけでは検索意図がわからないものもあります。そのような場合は、実際にそのクエリで検索し、掲載されるコンテンツを見てクエリの意図を判断しましょう。結果的に不要であれば削除しても構いません。

　このようにクエリを精査した上で、今後のSEOのための対象キーワード候補として管理しましょう。

競合の有料検索状況を調べる

一般的に検索広告は収益性を重視します。競合が検索広告に使用しているクエリを把握することで、収益性の高いクエリの見落としを減らし、担当するビジネスの広告戦略にも応用できます。

SE Rankingで競合の有料検索クエリの状況を把握

検索広告は一般的に収益性の高いクエリを把握しながら継続的に運用していきます。一方で、収益につながらないクエリは広告の対象から除外して対応します。

継続的に広告表示の対象としている競合のクエリを調べることで、あなたの検索広告キャンペーンに加え、コンテンツ改善に役立てることができます。以下の手順で操作します。

1 SE Rankingにログインして、上部メニューの「競合調査」をクリックします**❶**。

2 サブドメインを含むドメイン全体で集客しているオーガニックキーワードを調べる場合は、「*.domain.com/*」を選択します。サブドメインを含めずに特定ドメインで調査する場合は、「domain.com/*」を、特定のURLで調査する場合は、「url」を選択します**❷**。

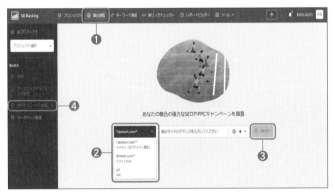

3 競合サイトのドメイン入力欄に調査対象のドメインやURLを入力して「分析する」ボタンをクリックします**❸**。

4 ドメインやページの信頼度、オーガニック・検索広告トラフィックの推移や被リンク獲得状況が表示されます。

5 次に左メニューの「有料トラフィック調査」をクリックします**❹**。

6 有料検索結果に表示されていた実績のあるクエリが各クエリの前月の順位や、検索規模、トラフィック予測値の情報とともに一覧で表示されます。扱われるデータとしては、広告の表示位置、CPC、競合性と実際の広告テキストなども確認できます。

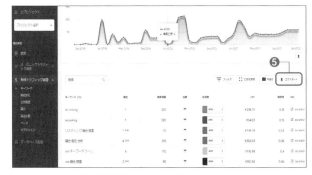

7 「エクスポート」ボタンをクリックすると**⑤**、キーワードのリストをExcelやCSV形式でエクスポートすることができます。

オーガニック検索のクエリと同様に、明らかに不要なクエリは削除しましょう。クエリを精査した上で、今後のSEOのための対象キーワード候補、検索広告用のキーワード候補として別々に管理しましょう。

競合が継続的に広告を表示させているクエリを把握

競合ウェブサイトの月次の広告運用状況を調べる場合には、以下の手順で操作します。

1 同じく競合調査ツールを使用して、競合ドメインを入力して「分析する」ボタンをクリックします。

2 左メニューの「広告履歴」をクリックします**❶**。すると月次の広告履歴データを確認することができます。

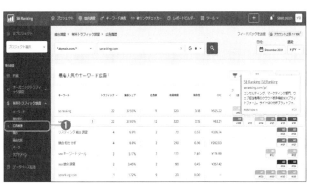

継続的に表示されているクエリを見逃さずに、あなたの管理する検索広告キャンペーンでもテストしてみましょう。

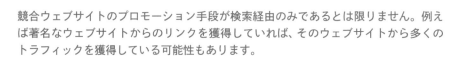

競合サイトの
被リンク獲得状況を調べる

競合ウェブサイトのプロモーション手段が検索経由のみであるとは限りません。例えば著名なウェブサイトからのリンクを獲得していれば、そのウェブサイトから多くのトラフィックを獲得している可能性もあります。

競合サイトの被リンクで注目すべき点

被リンクはGoogle検索のランキングファクターの一つでもあるため、競合ウェブサイトが著名なウェブサイトからの被リンクを獲得している場合には、検索トラフィックと参照トラフィックの両方を獲得できるメリットがあります。競合サイトの被リンクに関しては以下の点に注目して調査しましょう。

▶ 高い信頼度を持つウェブサイトからの被リンクはあるか？
▶ 最もリンク数の多い参照元ウェブサイトはどれか？
▶ 最も多く被リンクを獲得しているページはどれか？

SE Rankingには被リンクチェッカーといった競合サイトの被リンク獲得状況を調べるツールが搭載されています。
次の手順に沿って操作します。

1 SE Rankingにログインします。
2 上部メニューの「被リンクチェッカー」をクリックします。
3 サブドメインを含む競合ウェブサイトのドメイン全体の被リンク獲得状況を調べるなら「*.domain.com/*」を、サブドメインを含まない特定ドメインのみの場合は「domain.com/*」を、特定のページのみを調べるなら「URL」を選択します。
4 競合サイトのドメインを入力して「検索」ボタンをクリックします。
5 被リンクチェッカーのレポート結果画面の左メニューから「参照ドメイン」をクリックします❶。

参照ドメインのテーブルではDTと呼ばれる信頼度を示す指標のほか、参照ドメイン個別の合計被リンク数が表示され、昇順、降順でソートもできます。

具体的にリンク元コンテンツの文脈を見て、以下の点を確認します。

▶ どのようにして信頼度の高いウェブサイトからの被リンクを獲得しているか
▶ どのようにして特定のドメインから多くの被リンクを獲得しているか

例えば、信頼度の高いウェブサイトがニュースメディアであれば、競合ウェブサイトの担当者が記事を寄稿していた可能性もあります。フォーラムや掲示板への積極的な参加による貢献が、多くの被リンク獲得につながっている場合もあります。

最も多くの被リンクを獲得しているページを確認する

1 被リンクチェッカーのレポート結果画面の左メニューから「ページ」をクリックします❶。
2 被リンク数や参照ドメイン数順に並び替えて分析しましょう。

例えば競合サイトがブログ上で役に立つ記事を公開し、多くの被リンクを獲得している場合もあります。具体的にどのような記事がリンク獲得に貢献しているかを把握した上で、同様の施策が可能かどうか検討しましょう。

関連キーワードを調査する

検索ユーザーが使用しているクエリを把握するには、Googleのオートコンプリートや関連キーワードを調査しましょう。これらは検索ユーザーの場所や、頻繁に使用されるクエリを考慮して候補を表示しています。

サジェストキーワードとは？

Googleでは、検索ワードを途中まで入力すると自動的に候補のクエリを提示してくれるオートコンプリートという機能があります。

例えば「フットサルシューズ」のあとにスペースを入れて「あ」と入力すると、あ行のクエリの検索候補を提示してくれるため、一般的にはサジェストキーワードと呼ばれることもあります。これを「あ」から「ん」、数値、記号まで検索ユーザーに使用される全てのパターンを調べます。

関連キーワードとは？

SERPの下部に提示される複数のクエリを関連キーワードと呼びます。必要なコンテンツをSERPの1ページ目で探すことができなかった検索ユーザー向けに別の候補を提示します。

これらのクエリを自力で調査することもできますが、ツールを活用すると効率的です。

キーワードサジェストツールとしては、無料ツールのほかにGoogleが提供するキーワードプランナーも便利です。また、業務としてクエリ調査作業の時間を短縮でき、扱うデータが豊富なSE Rankingのような有料ツールもあります。

有料ツールを活用した場合の主な利点は以下のとおりです。

- ▶ クエリの難易度や検索ボリュームCPC、SERP要素、競合性などのデータも表示される。（※SERP要素とは強調スニペットやローカルパックなど特定のSERPに表示される特別なブロックです）
- ▶ 「フットサルシューズ ○○」や「○○ フットサルシューズ」「○○ フットサルシューズ ○○」のように該当単語の位置に関わらず様々なパターンのクエリを一覧で抽出できる。

☰ SE Rankingのキーワード調査ツールでクエリをリストアップ

1 SE Rankingにログインし、上部メニューの「キーワード調査」をクリックします❶。

2 軸となるクエリの単語を入力します❷。

3 キーワードアイデアのセクション内に「類似のキーワード」「関連キーワード」「少ない検索ボリューム」の3つの観点からクエリのリストが抽出されます。

分類名	表示される内容
類似のキーワード	軸となる単語を含むクエリのリスト
関連キーワード	SERP上位100件に含まれる掲載ページに関して、対象検索クエリと近い傾向を持つ（同じページをいくつか含む）クエリのリスト
少ない検索ボリューム	検索ボリュームが10を示すクエリのリスト

　それぞれのリストをエクスポートし、不要なクエリは削除した上で、クエリリストにまとめましょう。

ロングテールクエリの単語に注目する

ロングテールのクエリには、検索結果を絞り込むために、頻繁に使用される共通の単語があります。このような単語を調査することで、新規クエリの開拓や、大規模なウェブサイトが持つデータベースを活用したサイト全体の最適化のヒントが得られます。

ロングテールとは？

　ロングテールとは、アメリカWired誌の編集長であるクリスアンダーソン氏によって提唱された理論です。実際の店舗販売では売れる商品をメインに陳列スペースを割り当てるため、商品の売り上げの8割は、メインの商品アイテム2割が占めていると言われます。しかしインターネット上では、陳列スペースの制限はないため、取り扱うすべての商品をサイト上で販売することができます。

　品数の多いオンラインのショッピングサイトでは、個々の売り上げは小さいものであってもそれらを合計した売り上げは、メイン商品を上回る傾向があります。これをロングテール理論と言います。

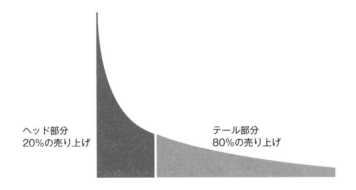

ヘッド部分
20%の売り上げ

テール部分
80%の売り上げ

　メインの商品部分が恐竜の頭、売り上げの少ない商品群は恐竜の尻尾のように長くなります。長い尻尾部分に着目して、ロングテールと呼ばれるようになりました。

ロングテールクエリとは？

　ロングテールクエリは、ロングテールの理論を検索集客に当てはめた考え方です。個々のロングテールクエリの集客は小さくても、全てのロングテールクエリが上位表示

されればかなりの集客を見込めます。

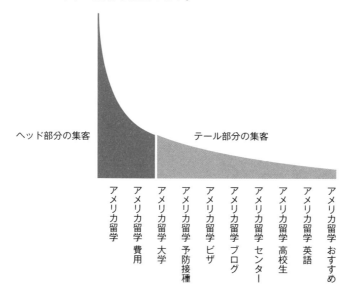

ヘッド部分の集客　　　　　　　テール部分の集客

アメリカ留学
アメリカ留学 費用
アメリカ留学 大学
アメリカ留学 予防接種
アメリカ留学 ビザ
アメリカ留学 ブログ
アメリカ留学 センター
アメリカ留学 高校生
アメリカ留学 英語
アメリカ留学 おすすめ

ロングテールクエリを大規模サイトで応用

ロングテールクエリで使用される頻度の高い代表的な単語の例です。

「〇〇 評判」── 商品やサービスの利用者のクチコミを探す意図
「〇〇 とは」── 言葉の意味を調べる意図
「〇〇 価格」── 商品やサービスの価格を調べる意図
「〇〇 大阪」── 特定の地名に絞り込む意図
「〇〇 比較」── 物事を比較する意図

　当然ですが、このほかにも様々な汎用的な単語が検索クエリとして使用されます。大規模なデータベースを持つウェブサイトの場合は、ここまでまとめてきたクエリのリストにこのような傾向を持つ単語が含まれていないか確認しましょう。

　もし、そのクエリに対して、現時点で対応するコンテンツが無い場合、または対応するコンテンツはあってもまだ最適化を行っていない場合には、ロングテールクエリによるトラフィック獲得の余地があるかもしれません。

　場合によっては、タイトルタグや表示するコンテンツを生成するテンプレートを修正をすることで、ウェブサイト内の広範囲のカテゴリに反映させて多くのテールワードで上位表示を狙うこともできます。

ロングテールクエリ最適化の注意点

　低品質コンテンツの量産や、コンテンツの中身はほぼ変わらずに、特定の箇所の地名部分だけを変えてコンテンツを量産する「ドアウェイページ」の作成は逆効果となるので注意が必要です。

バイオリン教室オープン

素敵なバイオリンの音を日常の1シーンに。おすすめのバイオリン教室をお探しですか？まずはバイオリンを購入して試してみましょう。

バイオリンを購入するならコチラ

バイオリンの値段を調べてみました

バイオリンの値段は安いものから高いものまで様々です。
初心者は練習用に安価なバイオリンを購入して上達してから徐々に高いバイオリンを購入しましょう。

バイオリンを購入するならコチラ

バイオリン初心者が心がける事

バイオリンの練習を開始してもすぐに演奏できるわけではありません。フィンガリングやボウイングの基礎から身に着けていかなくては、思った通りの音はでませんよ。

バイオリンを購入するならコチラ

バイオリンのチューニング方法

バイオリンは低い音の弦からG、D、A、Eでチューニングします。
最初にAをチューニングしてから、Aを引きながら倍音の響きを使って隣の弦を調節しましょう。

バイオリンを購入するならコチラ

低品質コンテンツの量産例

https://violin-example.com/taito/

台東区バイオリン教室

台東区からも多くの生徒さんが通っています。初心者のレッスンから音大入試のサポートまで幅広く対応しています。

入会金 / 10000円
月謝 / 月7000円

今すぐ体験レッスンに申し込む

---

https://violin-example.com/chuo/

中央区バイオリン教室

中央区からも多くの生徒さんが通っています。初心者のレッスンから音大入試のサポートまで幅広く対応しています。

入会金 / 10000円
月謝 / 月7000円

今すぐ体験レッスンに申し込む

---

https://violin-example.com/sumida/

墨田区バイオリン教室

墨田区からも多くの生徒さんが通っています。初心者のレッスンから音大入試のサポートまで幅広く対応しています。

入会金 / 10000円
月謝 / 月7000円

今すぐ体験レッスンに申し込む

---

https://violin-example.com/koto/

江東区バイオリン教室

江東区からも多くの生徒さんが通っています。初心者のレッスンから音大入試のサポートまで幅広く対応しています。

入会金 / 10000円
月謝 / 月7000円

今すぐ体験レッスンに申し込む

地名部分だけを変えたコンテンツの量産例

ロングテールクエリから新規分野の需要を調査

　SEOやマーケティング担当者、エージェンシーの場合、新規分野の検索需要を調査する機会は多いでしょう。市場が成熟してくると検索ユーザーが使用する単語も変化します。最近では所有するよりも、レンタルやサブスクリプションを利用するケースも増えてきています。

　以下のような単語は現時点では検索ボリュームが少なくても、将来的に伸びていく可能性があるため、このようなロングテールクエリは独自にリストアップしておくと様々な機会で応用することができます。

　　「〇〇 レンタル」── 購入ではなくレンタルサービスを調べる意図
　　「〇〇 サブスク」── サブスクリプションサービスを探す意図
　　「〇〇 比較」──── 物事を比較する意図

　例えばSE Rankingのキーワード調査ツールを使って「比較」というキーワードを入力して調査すると以下のようなレポートが表示されます。上位表示されているウェブサイトの品質を示すデータのほかに、上位表示の難易度や検索規模も表示されるため、市場を評価する際の参考データとして活用できます。

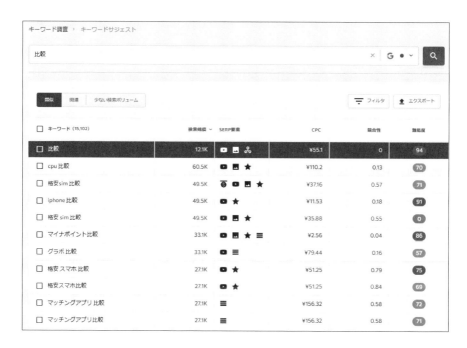

検索結果の類似度をベースに
クエリをグループ化

SEOやPPC（Pay Per Click）を実施する場合、特定の単語の裏にあるクエリの意図に
マッチするようにページを作成し最適化する必要があります。意図が類似するクエリ
は1つのグループにまとめ、グループ単位で最適化を行うことで効率的に管理できます。

キーワードグルーピングのメリット

ここまでまとめてきたキーワードリストをSEOやPPC向けに効率的にグループ化
していきましょう。

例えば「オンライン英会話」と「英会話 ネット」「オンライン 英語」は検索結果で
比較的似たようなページが表示されています。また、クエリが異なっていても同じペー
ジが上位掲載されています。

キーワードグループを適切に管理することで、広告グループのCTRや品質スコア
の改善につながり、検索広告を効率的に運用できます。

コピーライティングや、ユーザーや検索ロボットに提供するコンテンツの品質改
善にもつながるため、SEOにもメリットがあります。具体的には以下のとおりです。

▶ **ユーザーの意図の把握**
　検索ユーザーに対してより詳細なコンテンツを提供できる
▶ **ページ上で上位表示されるキーワード数の最大化**
　クエリグループ（意図）別に効率的にコンテンツ作成を行う
▶ **不要なキーワードの除外**
　大量のキーワードをグループ化する過程で、不要なクエリを把握できる
▶ **対応に必要なコンテンツページ数を把握**
　分類結果から、対応コンテンツ数とそのトピックを認識できる
▶ **効果的なサイト構造を理解**
　サイトリニューアル前に、グループ化を通して適切なサイト構造を把握できる
▶ **ページ評価の分散を防ぐ**
　ページ数は少なくなるものの、重複コンテンツを防ぎ、高品質コンテンツの割合がふえ、
　個々のページの評価が集約される
▶ **時間短縮につながる**
　不要なキーワードや重複コンテンツを防ぐことで、効率性が高まる

ツールを活用して効率的にキーワードをグループ化する

　手動で検索クエリの意図を判別して適切にグルーピングすることは想像しただけでも大変な労力が必要とされます。

　ここではSE Rankingのキーワードグループ化ツールを活用して、時間をかけずにキーワードのグルーピングを行いましょう。

1 SE Rankingにログインして上部メニューの「ツール」内の「キーワードグループ化」をクリックします**①**。

2 レポート名を任意に入力し、「検索エンジン設定」で調査対象となる国や地域を指定します。通常はGoogleを選択してJapanを選択、Googleインターフェイス言語は日本語を選択します。

3 キーワードグループ精度を指定します**②**。グループ化する条件となる検索結果10位までで最低限一致するURLを指定します。

4 方式を選択します**③**。

Softはグループ化の条件としては緩やかで、Hardは厳密にグループ化します。

Hardの場合はグループが増え、グループに割り当てられないクエリも多くなります。

5 今回はグループ化のみの操作となるため、検索ボリュームチェックのオプションでは「検索ボリュームをチェックしない」を選択します**④**。

6 キーワードリストをインポートするかコピー&ペーストで入力枠に貼り付けます**⑤**。

7 最後に「グループ化開始」ボタンをクリックします。

8 しばらくして調査が完了するとメールが届きます。その後に「キーワードグループ化」へ移動して、左メニューの「結果」をクリックします⑥。

9 グループ化された結果とその内容が表示されます。データはエクスポートが可能で、SE Rankingの検索順位ツールに取り込むこともできます。

グループ化 - 方式: Softの場合 (キーワードグループ精度:3)

キーワードのボリュームが多いクエリAを軸に、そのほかのクエリの検索結果を比較し、同じURLを3つ以上含んでいればグループ化します。ただし、軸となるクエリ以外のクエリBとクエリCは必ずしも同じURLが3つ以上含まれているとは限りません。結果としては、クエリAとクエリB、Cは1つのグループ内に割り当てられます。

	クエリA (軸)	クエリB	クエリC
1位	example1.com	example1.com	-
2位	example2.com	-	example1.com
3位	example3.com	example2.com	-
4位	example4.com	-	example4.com
5位	example5.com	-	example5.com
6位	-	example3.com	

グループ化 - 方式: Hardの場合 (キーワードグループ精度:3)

Hardの場合は軸となるクエリ以外のクエリ同士も比較して共通するURLが含まれていればグループ化されます。例えば以下の例ではクエリA～Cは1つのグループに分類されます。

	クエリA (軸)	クエリB	クエリC
1位	example1.com	example1.com	-
2位	example2.com	-	example1.com
3位	example3.com	example2.com	example2.com
4位	-	-	example3.com
5位	-	example3.com	

リストアップしたクエリの
検索ボリュームを調べる

検索クエリの利用頻度を月の平均値で表した値をここでは検索ボリュームと呼びます。
検索ボリュームはクエリの需要を示す指標となり、需要が大きければ検索上位表示で
獲得できるトラフィックも増えます。

一般的な検索ボリュームの確認手順

一般的には、Google広告のキーワードプランナーを使って検索ボリュームを調べ
ます。

※SE Rankingのアカウントを既にお持ちであれば、プロジェクトにリストアップしたクエリを
　追加するだけで、自動的に検索ボリュームが表示されます。

Google広告のキーワードプランナーを使用して、検索ボリュームを調べる場合は
以下の手順で操作します。

1 Google広告アカウントにログインします。

2 画面上部に表示される「ツールと設定」→「プランニング」→「キーワードプランナー」
をクリックします**①**。

3 「検索ボリュームと予測のデー
タを確認する」をクリックしま
す**①**。

4 リストアップしたクエリをコピー&ペーストして「開始する」ボタンをクリックすると、
各クエリの検索ボリュームのデータが表示されます。

※広告運用の予算や実績が少ないアカウントの場合には、詳細な検索ボリュームデータが取得できないこともありますのでご注意ください。

SE Rankingにクエリのリストを追加する手順

1 SE Rankingにログインして、左メニューの「検索順位」からすでに作成済みのプロジェクトを選択します。
※まだプロジェクトを作成していない場合には、「新規ウェブサイトの追加」手順に沿って操作を行ってください。

2 画面右上の歯車アイコンから、「プロジェクト設定」をクリックします**①**。

3 画面左に表示されるプロジェクト設定のメニューから「キーワード」を選択します**①**。

4 クエリのリストを入力枠にコピー＆ペーストするか、「キーワードインポート」をクリックしてリスト化したファイルをインポートします**②**。

5 順位取得が完了すると、各クエリの順位や検索ボリュームを含むデータが表示されます。

| # 検索ボリュームの少ない
クエリは不要？

クエリ選定では、検索ボリュームは施策の優先度や重要度を示す指標となり得ます。
ただし、検索ボリュームが少ないクエリは単純にリストから除外しても良いというこ
とにはなりません。

検索ボリュームは現在の需要を示す指標

検索ボリュームの調査はクエリの需要を調べる上では重要ですが、この値はあく
までその時点の状況に過ぎません。市場の成熟度や積極的なプロモーションによっ
て検索ボリュームの値は変動します。

検索広告の場合には、一定数の検索ボリュームが無ければ、広告が掲載されること
はないため、検索ボリュームを調べる必要性はあります。

一方でSEOの場合には、次のような性質のクエリであれば、対象のクエリリスト
に含めておいた方が良いでしょう。

1 新規市場で検索ユーザーの使用が想定されるクエリ
2 市場が成熟するにつれ、需要が増えていくクエリ
3 収益性の高いクエリ

新規市場で検索ユーザーの使用が想定されるクエリ

新しい市場を作る最初の段階では、クチコミや参照が無いため、検索需要はほとん
どありません。

検索ボリュームがほとんど無い場合であっても、商品やサービスの利用者に優れ
た価値を提供していれば、クチコミや参照リンクが発生し、将来的にそのサービスに
関連するクエリの需要が高まることもあります。

優れた体験を提供するブランドや商品、企業、独自に作成したカテゴリ名は、最初
は検索ボリュームがゼロであっても、作成したコンテンツや広告を通して認知度を
高めて、検索需要を増やすこともできます。

競争の激しいクエリの使用をあえて避け、新たな価値とともに別の独自カテゴリ
名を意図的に使用して認知を広げていくことで、そのクエリの需要を高めていくこと
ができます。

新しい市場を作成できる商品であればビッグワードを含む既存クエリの検索意図すら変えてしまうこともあります。

例えば「携帯電話」というクエリの意図はスマートフォンの登場によってこの10年で大きく変化してきたはずです。

検索ユーザーはより便利なものを求めるため、検索エンジンの提供する検索結果もユーザーの意図に応えて変化していきます。

市場が成熟するにつれ、需要が増えていくクエリ

新規市場が作られた後に競争が激化することによってクエリの需要が高まります。競争相手が増えればそれぞれが独自のプロモーション活動を行うことで、市場に関連する様々な用語が人々に認知されていくからです。

最近の市場の傾向としては所有から共有へと変化していることもあり、サブスクリプションモデルの新しい市場が今後も増えていくことが予測できます。

音楽や服、自動車、家具などのサブスクリプションは一般的となっています。

マーケティングエージェンシーの場合には、様々な業種のクライアントと関わることで独自の知見を蓄積していくことができます。

例えば、「○○ サブスク」や「○○ レンタル」などは、この市場がまだ無いビジネス分野で、将来的に使用される可能性のあるクエリです。

このようなクエリを発見した場合には、将来的に担当するかもしれないクライアントにも応用できるクエリとしてリストアップしておくと良いでしょう。

収益性の高いクエリ

極端な例とはなりますが、月に10回しか検索されなかったとしても、見込み客になる可能性が高く、顧客あたりの収益が非常に高いクエリも存在します。

過去には考えられなかった事例として、自動車をウェブ上で購入できるサービスがあります。収益性までは推測できませんが、仮にオンラインで全てが完結するようであれば、検索需要が少なくても見過ごせないクエリとなるでしょう。

今後オンラインで注文する上で、利用者にとって不便な点が改善されてくれば、クエリの需要自体も高まる可能性があります。

第 **5** 章

検討した施策と分析をもとに
コンテンツ作成のプランを練る

4章までは主に調査や事前準備について説明してきました。ここからは把握した情報をもとにコンテンツ作成のプランを作り上げましょう。

認知を広げたいブランド名や
新しいカテゴリ名を決める

ブランドや社名、商品名のネーミングはとても大切です。既存のクエリ調査方法に考え方が縛られてしまうと、検索規模の大きな単語をわざわざブランドや商品名、サイト名に含めてしまい、ブランドクエリでの検索上位表示を難しくしてしまいます。

ブランドクエリの特徴

　自身の管理するブランド名や社名、独自の商品名を示すクエリは、ブランドクエリやナビゲーショナルクエリとも呼ばれ、そのウェブサイトへ訪問する検索意図を持ちます。

　代表的なクエリとしては、「Facebook」や「Amazon」「YouTube」「Apple」などがあります。

　ブランドクエリは、それ自体に別の意図が含まれる場合やGoogleによる何らかの制限を受けてしまっている一部の例外を除き、オーガニック検索結果で1位表示されます。実際に例で挙げたクエリでは、そのブランドのウェブサイトが表示されるはずです。

　同様に検索広告の場合でも、直接オンラインで購入できるサービスを持つブランドの多くはブランドクエリで検索した際の上位に広告が表示されています。この場合には競合が同じクエリで広告を表示させる場合と比べて、低いクリック単価で効果的にCVを獲得できます。実際に「Facebook」や「Amazon」「Apple」はブランドクエリで検索した場合でも検索広告が表示されています。

検索結果のファーストビューはAppleの公式サイトの情報で占有されている

　ブランドクエリで検索された際に広告を表示させるべきかについては、企業や商品、サービスによって判断が分かれることもありますが、以下の状況であればブラン

ドクエリで広告を表示させる意味はあるはずです。

▶ 検索結果でできるだけ多くの検索ユーザーにウェブサイトの存在を知ってもらいたい

▶ 競合を含むほかのウェブサイトの表示を可能な限り排除したい

ネーミングで注意すべき点

　クエリ選定の基本に縛られてしまうと、需要の高い検索ボリュームの多い単語を含む名称をブランド名や社名、サイト名に使用してしまいがちです。

　例えば、「中古○○ドットコム」というネーミングは比較的多く見かけるブランド名です。中古市場を狙って中古製品に関するクエリ（中古○○）で上位表示を狙ったものとなるでしょう。

　この場合のメリットとしては、上位表示されれば期待どおりに多くの人々にそのブランド名を知ってもらうことができる点です。ただし、AmazonやAppleのように元々の言葉の意味を超えて広く人々に知られるようになるためには、多くの時間と労力が必要となります（彼らは当初からGoogle検索のことはそれほど意識していなかったでしょうが……）。

　デメリットとしては、当初想定していた「中古○○」も含め、ブランドクエリ自体でも上位表示の難易度が上がってしまうことです。

　加えて、上位表示されたとしても、ファーストビューに競合が表示される可能性は残り、毎回検索されるたびに、ほかの競合ウェブサイトの商品やサービスも比較対象に含まれてしまうことになります。

　これは例えば商品のカテゴリや機能に関する検索クエリを対象として検索広告やSEOを行う場合も同様です。一般的な店舗での物販の場合には、消費者が選びやすいように売り場をカテゴライズして商品を陳列していきます。

　一方でショッピングサイトで商品カテゴリを決める際にも同様にクエリ調査からサイト構造を決めることもありますが、画期的な機能を持つ商品やサービスを訴求していきたいのであれば、わざわざ熾烈なクエリを含むカテゴリ名や機能名を付ける必要はありません。

　利用者にとって魅力的で、十分なプロモーション費用があれば、独自のブランド名とともにカテゴリや機能名を広めていった方が新たな検索クエリの需要を作ることができるからです。

　適切なブランド名、カテゴリ名を決定し、これらの単語がクエリとして使用されることも想定し、管理するクエリのリストに追加しておきましょう。

タスクを複数人で分担したチームの場合は、本書の2章Section03、4章Section02
を通して調べた内容をもとに、セールスファネルのイメージを作成して共有しましょう。

各ファネルにクエリのグループを割り当てる

　セールスファネル上にはオンラインも含めて様々な施策が割り当てられます。こ
こではSEOや広告用コンテンツ作成プランを検討するために、ファネルの各段階に
リストアップしたクエリグループを割り当てていきましょう。

　「顧客へ転換」に近いファネルほど、購入意図が強くなります。

見込み客との接点

見込み客獲得

見込み客育成

顧客へ転換

顧客維持とロイヤリティ改善

　クエリの意図は以下の例のように分類でき、ファネルに割り当てることができます。

▶ 見込み客との接点

　　用語の意味を調べる意図／方法を調べる意図

▶ 見込み客獲得

　　特定のカテゴリや地域の商品やサービスを調べる意図／特定のカテゴリの商品を比
　　較する意図

▶ 見込み客育成

　　ブランド名に関する価格や手続き、場所、無料体験の有無を調べる意図

▶ 顧客へ転換

　　使い方や問合せ先を調べる意図／購入手続きを調べる意図

▶ 顧客維持とロイヤリティ改善

　　商品やサービスのウェブサイトへ行く意図／アカウントへのログインページへ行く

意図／商品やサービスに関して問い合わせる意図

クエリグループの意図に適したコンテンツを検討する

　クエリの意図に対して必要なコンテンツを用意しましょう。もちろん全ての意図に対応できれば理想的ですが、リソースが十分確保できない場合には、購買意欲の強いファネルを優先しましょう。検索からの集客を増やすために急いでブログを構築して、記事を量産する必要などは全くありません。

1. 用語の意味を調べる意図

　「〇〇 とは」「〇〇 意味」や、用語そのもので検索される場合が多い。

　用語解説を提供するページを作成して対応します。

　一般的にはブログを活用するケースが多く、専門知識を持つ企業であれば対応することができる。

　一方でローカルビジネスの場合にはサービスの提供エリア外でこれらのページが上位表示されたとしてもそれほど目標達成には貢献しないため、必ずしも必要なコンテンツとは言えません。

2. 方法を調べる意図

　「〇〇 方法」「〇〇 手順」といったクエリが該当します。

　手順解説や実践レポートを提供するページを作成して対応します。動画コンテンツも効果が期待できます。また、場合によっては読み物としてのコンテンツではなく、ウェブ上で完結できるサービスを開発して対応する場合もあります。

　こちらもローカルビジネスの場合には必須ではありません。

3. 特定のカテゴリや地域の商品、サービスを調べる意図／特定のカテゴリの商品を比較する意図

　「セキュリティソフト」のような一般的なカテゴリ名や、「浅草　歯科」のように地域とセットで検索されるクエリが該当します。「おすすめ」や「費用」「価格」「比較」といったクエリが含まれることもあります。

　検索ユーザーが注目するポイントを含む比較コンテンツを用意します。

　ECサイトの場合は、検索ユーザーが選びやすいカテゴリやサービス一覧ページを用意します。

　ローカルビジネスの場合には、少なくともディレクトリサービスやGoogleビジネスプロフィールへの登録が必須となります。

4. ブランド名に関する価格や手続き、場所、無料体験の有無を調べる意図

「価格」「申し込み」「場所」「体験」といった単語とブランド名がセットで検索されます。会社概要や商品詳細ページを準備して住所、地図、導入手順、価格、体験申し込みの情報を含めて対応しましょう。

5. 使い方や問合せ先を調べる意図

「使い方」や「問い合わせ」「電話」といった単語とブランド名がセットで検索されます。よくある質問ページや、連絡先情報、問合せフォーム、ヘルプガイドを準備して対応しましょう。

6. 購入手続きを調べる意図

クレジットカードや銀行振込など決済手段や納品日などの確認。請求書の発行に関して検索されます。営業部門やサポート部門と協力して、よくある問い合わせを把握して、電話での問い合わせ件数をコントロールするために見込み客にとって必要な情報をわかりやすい位置に配置しましょう。

7. 商品やサービスのウェブサイトへ行く意図

ブランド名で検索されます。顧客との接点を維持できるように必要なコンテンツや役立つ情報を提供するページを用意します。一般的にはトップページを軸に関連ページへ誘導することになります。

8. アカウントへのログインページへ行く意図

「ログイン」とブランド名がセットで検索されます。顧客にアカウントを発行するサービスの場合には検索からもアクセス可能なログインページを作成します。

9. 商品やサービスに関する問い合わせの意図

商品やサービスを活用した際に生じる問題や質問に関して、問い合わせをするために検索されます。

サポート部門と情報を共有し、電話での問い合わせ件数をコントロールするために見込み客にとって必要な情報をわかりやすい位置に配置しましょう。

各ファネルの目標と プロモーション方法を決める

各ファネルにクエリグループを適切に割り当てた後には、各ファネルの目標とプロモーション方法を決めます。オーガニック検索で上位を狙うコンテンツを作成し、購買意図の強いクエリで検索広告を実施しましょう。

セールスファネルごとの目標を決定する

まずはセールスファネルごとの目標を決定します。目標は数値として計測できた方が客観的に判断できます。

以下の例のように、ウェブサイトへの新規訪問者数や、申し込み件数、スタッフ対応件数、購入件数、リピート購入件数を集計して施策の効果を判定するために定期的に集計しましょう。

見込み客との接点 (Googleアナリティクスの新規ユーザー数)

見込み客獲得(無料トライアル申し込み数)

見込み客育成(直接対応件数)

顧客へ転換(購入件数)

顧客維持とロイヤリティ改善
（アップグレード件数）

次に、ファネルごとに行うSEOやディスプレイ広告、検索広告を含むプロモーション方法を具体的に決定します。

セールスファネルごとの施策を決定する

第2章Section03の情報を参考にセールスファネルのイメージを完成させます。

顧客へ転換

はじめは購買意欲の高い「顧客へ転換」段階のファネルからプロモーション方法を組み立てていきましょう。

例えば、ブランド名や独自のカテゴリ名を対象キーワードに含めて検索広告を運用し、ウェブサイトの訪問者対してリマーケティング広告を実施して、見込み客を顧客に転換させる方法などがあります。

オーガニック検索に関しても、このファネルに割り当てたクエリで上位表示するために必要なコンテンツを作成します。顧客が必要とする情報をわかりやすく提供できていることを確認してください。

見込み客獲得

このファネルに該当するクエリの中には、検索広告を使用して効果的に見込み客を獲得できるクエリも含まれます。テストしながら効果的なキーワードを見つけていきましょう。

購買意図が比較的強いファネルとなるため、割り当てられているクエリグループは、広告、SEOともに既に激しい競争が繰り広げられていることもあります。

見込み客との接点

このファネルでは、オーガニック検索上位を獲得するためにハウツーコンテンツを作成する手法も有効です。

一方で、このファネルに該当するクエリは、インフォメーショナルなクエリが多く含まれるため、検索広告はあまり適していない可能性があります。

なぜなら、このクエリグループの検索需要は高く、多くのクリックを得られますが、ターゲット層の購買欲はこのファネルではまだ低いことが予測されるからです。

クエリグループごとに検索意図は異なるため、コンテンツ別に設定すべきCTAや誘導先は異なります。ここではユーザーの行動を推測した上で、ファネルより小さいキーワードグループ単位で必要なCTAやメインの誘導先を決めていきましょう。

CTAとは？

CTA（シー・ティー・エイ）はコールトゥーアクションの頭文字をとったもので、訪問者のアクションを促す役割を持つボタンやリンクです。

「資料請求する」「カートに入れる」「定期購読する」「無料サンプルを試す」などはウェブ上でよく見かけるCTAです。

文脈にマッチした適切な場所にCTAを設置することでターゲット層の注目を集め、リンク先のページに移動してもらえる機会が増えます。

MEMO

文脈と無関係なCTAやユーザー体験を阻害するようなCTAは逆効果となりますので注意しましょう。

ターゲット層の問題を解決した後に想定される興味を推測

ターゲット層と最初の接点を持った後、作成したコンテンツによってその検索意図を解決できれば理想的です。その上で、ターゲット層が次に調べる可能性のある情報や解決すべき問題を先回りして予測しましょう。

例えば、あなたが動画編集ソフトのメーカーのオンラインマーケティング担当で、見込み客獲得の目標を「無料トライアルへの申し込み」件数を増やすことに設定した

と仮定します。そして、「YouTubeを使って趣味の動画を撮影して、編集方法を調べたい」人々をターゲット層に定めたとします。

この場合、ターゲット層は検索エンジンを使って動画の撮影方法や編集方法を調べることでしょう。おそらく最初はできるだけ費用のかからない方法を探すのではないでしょうか。

「youtube 撮影方法 スマホ」「youtube 動画編集 無料」などがこのファネルに該当する検索クエリとなります。

この場合、プロモーションを行う側は、検索ユーザーの意図を解決し、満足するコンテンツを最初に作成します。そして、ターゲット層の問題を解決した後に思い浮かぶ疑問や、次のレベルで抱える問題点を推測します。

例えばターゲット層は、「動画編集に対する作業時間の短縮」や、「より高度な編集方法」に興味を持つかもしれません。そしてそのようなターゲット層のうち何人かは有料の動画編集ソフトに興味を持ち、いくつかのソフトウェアの価格を調べることでしょう。

このようなターゲット層が最初にあなたのウェブサイトに訪問した後に、接点を長く持ち続けるために、「動画編集に対する作業時間の短縮」や、「より高度な編集方法」に関するコンテンツを作成することは有効かもしれません。

接点を線に変えて見込み客を増やす

この場合、最初に接点を持ったコンテンツから更に興味を持つことが予測されるコンテンツへリンクすることで、ターゲット層のウェブサイトの滞在時間を増やし、目標として設定している「無料トライアルの申し込み」件数の増加に繋げることができます。具体的には、以下の方法が考えられます。

1. 検索クエリに最適化したコンテンツページでターゲット層が満足すると予測される部分で、次に必要とするコンテンツページへのリンクを追加する。
2. 検索クエリに最適化したコンテンツページに訪れたターゲット層に対して、リマーケティング広告を実施して、次に必要とするコンテンツページへ誘導する。
3. どちらのページにも取り扱う動画編集ソフトを使用した場合の操作手順やメリットを解説し、無料トライアル申し込みを促すCTAを設置する。無料版と有料版の違いやその価値を理解してもらう。

ターゲット層と継続的に接点を持つために必要なコンテンツをあらかじめ整理しておきましょう。そしてクエリグループごとに主要な誘導先やCTAを決めましょう。

SEOは初期のファネルから幅広く対応

有料検索と比べた場合、SEOは初期の段階を含むファネル全体をカバーできます。つまりSEOは売上を増やすだけでなく、顧客ロイヤルティやサポート負荷、商品の改善まで総合的に対応することになります。

上位表示が難しいページ

リストアップしたクエリグループで上位表示を狙う場合、トップページや企業概要、商品ページを最適化したいところですが、実際にこれらのページではなかなか上位表示を達成できません。

これは想像してみると理解できます。情報収集目的で検索しているのに、検索結果に商品ページばかり表示されるようであれば、ユーザーとしての利用価値はありません。

Googleは検索ユーザーの意図を理解して、必要な情報を検索結果に表示させます。

そのため、ウェブサイト運営者は、情報収集目的のクエリに対しては、FAQやヘルプページ、そして必要であればブログを使って記事を作成します。

これは購入の意図の強いトランザクショナルクエリを狙ってSEOを行う場合でも同様です。

特定ブランドを購入する意図を持つ検索ユーザーの場合、その商品名を検索してその商品を取り扱っている店舗で、詳細がわかるページを探します。

これが、まだ商品名すら知らない商品選定段階であれば、「○○　比較」「○○　価格」などのようなクエリで、複数の商品のスペックや価格、特長を比較して選びたいと考えるはずです。

そのため、偏りなく多くの商品を扱うECサイトや、比較サイト、特定の業種で全国をカバーしたポータルサイトのカテゴリ一覧ページが評価される傾向にあります。

このようなトランザクショナルクエリの場合、対応しやすいウェブサイトと、対応の難しいウェブサイトとに分かれます。例えば、多数の商品を扱うAmazonや楽天といった規模の大きな企業の場合は、商品カテゴリページを活用して、検索ユーザーが興味を持つ商品群を表示させ、比較しやすく選びやすさを追求することで、上位表示を狙うことができます。

また、特定のメーカーに偏らず多くの商品を実際に使って比較やレビューを行う

レビューサイトなどは検索ユーザーが求める情報を提供できます（例：価格.comや
ITreview）。

　一方で、独自商品のみを扱うメーカーサイトの商品ページでは検索ユーザーの意
図を満足させるコンテンツを作成することは難しいでしょう。

　SEOのために無理に競合商品と比較することはモラルの面で難しいでしょうし、せっ
かく商品ページに訪れたユーザーに対して、わざわざ競合を宣伝することにもなっ
てしまうため、抵抗感があるのは当然です。

　このような場合は、SEOよりもむしろ即効性のあるリスティング広告によるプロモー
ションの方がおすすめです。

　もともと検索エンジンは購入目的よりも情報収集目的での利用が多いため、情報
収集目的のクエリにマッチするコンテンツを正しく提供することでより多くの検索ユー
ザーと接点を持つことができます。

　「○○の方法」「○○のやり方」「○○とは？」といった情報収集目的のクエリに対し
ては、答えや知識、詳しい解説を提供するコンテンツをFAQやヘルプページ、ブログ
上で作成することで、ターゲット層との接点を増やすことができます。

検索広告は少なくとも購入プロセスに近いファネルには対応させる

検索広告の知識がまだ十分ではないと感じる場合は、「見込み客の獲得」段階に近いファネルに割り当てたクエリに対して小規模な予算からでもテストしていくことをおすすめします。

小規模からでも検索広告を試しましょう

検索広告を実施する前にはGoogle広告に関するガイドを必ず確認しましょう。予算の範囲で無駄なく効率的に見込み客を獲得できる詳細な設定が提供されています。

想定されるCPAの範囲でコントロールできるようにし、徐々に対応クエリの範囲を広げていきます。

成果の上がらないクエリの場合は、広告文やランディングページを修正しつつ、それでも改善が無ければ停止することもできます。

SEOに適していないビジネスとクエリ

クエリリストをあなたのビジネスに当てはめて分類すると、SEOに適している、検索広告に適している、または両方とも適しているクエリとで区別することができます。無理にSEOで対応しようとせずに、検索広告を活用することも検討しましょう。

既にトランザクショナルクエリの例でも説明したとおり、ビジネスの種類によってはSEOに適していないクエリは存在します。

もう一つ別の例を挙げると、ローカルビジネスのケースで競争者が多い場所では、Googleビジネスプロフィールに登録するだけではなかなかオーガニック検索枠の上位表示は実現できません。

例えば「港区 歯医者」で検索すると、オーガニック検索の上位にはレビューサイトやディレクトリサイトが掲載されています(次ページ図参照)。

このように検索ユーザーにとって選択肢があまりにも多い場合には、検索ユーザーが選びやすいように、独自の視点で周辺地域の情報をまとめたレビューサイトやディレクトリサイトが上位に掲載されるケースが増えます。

このようなウェブサイト上で掲載を依頼しつつ、検索広告も試してみましょう。

広告に適していないクエリ

　購買意欲の低いインフォメーショナルクエリの場合には、購買意欲を持ってもらうまでに時間がかかります。加えてインフォメーショナルクエリの検索ボリュームはほかのクエリに比べて多いため、クリックされる機会は多くなります。

　つまりクリックは多く、成果につながるまでは時間がかかります。

　例えば「iphone」という検索クエリは、検索ボリュームが月に平均1,000,000件もあります。

　「iphone」というクエリには、購入意図や修理業者を探す意図、ショップを探す意図など様々な意図が含まれます。

　除外キーワードや完全一致などの条件を設定せずに、何の知識もなくこの手のビッグワードで広告を掲載すればあっという間に広告予算が消えてなくなってしまうでしょう。

両方の施策が適しているケース

　Amazonや楽天のように、多くの商品を扱うECサイトがトランザクショナルクエリをターゲットにプロモーションを行う場合は、商品カテゴリ一覧ページが重要な役割を果たします。検索ユーザーが選びやすく、比較のしやすいページとなるように改善していきましょう。

　また、そのページを検索広告のランディングページに指定することもできます。

コンテンツ作成プランと
スケジュールを決める

SEOを実践していくために、今後のコンテンツ作成プランとスケジュールを作成しましょう。コンテンツの作成に必要なスタッフや稼働時間、優先順位を決めていきます。

コンテンツ作成に関わるスタッフ

小規模なビジネスの場合は1人で全て対応することになります。チームとして取り組む場合には、スタッフと協力して進めていくこととなるでしょう。

エンジニア

商品カテゴリページのように特定の条件で自動的に商品を一覧表示するページを修正する場合には、エンジニアの協力が必要となります。ウェブサイト全体に影響するカテゴリページのタイトルや表示内容を最適化することで、ウェブサイト内の全てのカテゴリページの検索順位が向上する場合もあります。

デザイナー

コンテンツ内で使用するインフォグラフィックやイラストが必要な場合はデザイナーの協力が必要となります。

外注する場合もあれば、画像素材を購入して使用する場合もあります。

SEO担当者

検索ユーザーの意図、商品やサービスの特徴、競合コンテンツの特徴を理解し、クエリに最適なコンテンツの要点や章立てを示します。

社内の様々な部門からコンテンツ作成に必要な情報をヒアリングし、協力を引き出す能力が必要です。

コンテンツ公開前に最終的なチェックを行い、その後の成果も追っていくことになります。

ライター

SEO担当者が兼務する場合が多いかもしれません。外部のライターを使用する場合には、ライター自体のスキルは成果に大きく影響します。

コンテンツのチェックを怠り、著作権侵害で訴えられるケースもあったため、外注する場合には、画像や文面に盗用が無いことを確認しましょう。

コンテンツ作成のスケジュールを決める

SEOは検索広告と比べてすぐに効果を期待することは難しいため、見込み客獲得や収益に最も効果的と思われるクエリグループを優先してコンテンツを作成していく方が良いでしょう。この場合にSE Rankingのキーワード調査ツールで確認できる「検索ボリューム」やクエリの「難易度」などはひとつの判断基準となるかもしれません。

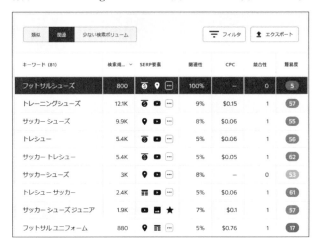

コンテンツ作成に対する稼働時間

SEOの場合は、成果を予測しにくいため、公開後のコンテンツ改善も含めて1つのコンテンツに従事する際の稼働時間は、一定期間で1つのコンテンツに対して期待する見込み獲得数や収益予測に基づいて算出すると良いでしょう。

見込み客獲得数は、GoogleアナリティクスやSearch Consoleのデータをもとに類似する過去の実績をベースにします。

次の予算の見直しまでに得られる見込み客数と収益を算出した上で、コンテンツ作成に割り当て可能な費用と稼働時間を計算します。

ただし予算の都合でコンテンツの品質を軽視して低品質コンテンツを大量に作成することは避けましょう。初めてコンテンツを作成する場合には、想定よりも時間がかかるため、稼働時間は多少多めに見積もっておくことをおすすめします。

Section

08 | 検索ユーザーに ソリューションを提供する

クエリに対して疑問を解決する方法は手順や用語の説明だけではありません。一般的に作成される縦長のコンテンツを作成する以外にも、ページ上でクラウドタイプやダウンロードタイプのツールを提供するという方法もあります。

長文コンテンツだけがソリューションではない

SEOで記事を作成する場合、必要なトピックをまとめて手順を解説するような長文コンテンツの作成が一般的です。

この方法はクエリに対してオンライン上で十分に情報が提供されていないビジネスの場合には有効ですが、SEOに取り組む競合が増えていけばSERPに掲載されるページも似たような記事が増えていきます。

検索クエリのボリュームや関連するクエリ、上位表示されているページのコンテンツといった情報は、競合も当然コンテンツを作成する際に参考としているデータとなるため、類似のコンテンツが増えてきてしまうのでしょう。

競合が多い検索クエリに適したコンテンツを作成する場合は、長文コンテンツを作成するといった発想を上回るオリジナリティが必要となります。

上位表示されているソリューションの例

Googleで検索する際に、テキストがほとんどないページが上位表示されていることもあります。

Googleはコンテンツ内のテキストだけでなく、検索ユーザーの行動も検索順位指標として使用しています。

検索ユーザーに対して利便性の高いソリューションをウェブ上で提供していれば、特定のクエリで上位表示される可能性は十分にあります。

例えばページ上に用語の解説や手順の解説を含まないソリューションが上位表示されている検索クエリの例としては以下のようなものがあります。

「IPアドレス」

　1位のページはアクセスするだけで利用端末のIPアドレスを確認できる無料のオンラインツールです。そして用語や手順の解説やWikipediaを抑えて上位に表示されています。

「ペンキ 塗り方」

　1位のページは知識を体系的にまとめたテキストと画像のコンテンツですが、2位以降は動画コンテンツが多く掲載されている。

「XMLサイトマップ作成」

　ページ上でユーザーの抱える疑問を本質的に解決できる動画コンテンツやウェブアプリ、ダウンロードコンテンツなどもソリューションの一つと言えるでしょう。

　この場合、エンジニアや動画編集のスタッフの協力が必要となります。

第 **6** 章

コンテンツライティング

ハウツー記事や学習コンテンツを作成して検索トラフィックを集める方法は、ポピュラーなSEO施策の一つです。ここでは、クエリの意図を理解し、コンテンツに落とし込む手順と注意点を確認しましょう。

ユーザーの問題を解決する
コンテンツを作成する

ブログを活用した長文記事コンテンツは、検索トラフィックを獲得するために多くの
ビジネスで取り組まれている方法です。この章では、主にテキストや画像を使用した
コンテンツ作成の基本的な考え方と方法について解説していきます。

コンテンツのトピックとは？

　トピックとは、見出しとそれを説明する文章、画像、動画、参照リンクなどを含む
1つの塊です。ページのコンテンツは複数のトピックで構成されます。

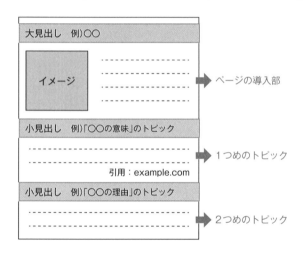

コンテンツの「質」とは？

検索エンジンの性質上、コンテンツの質はあくまで相対的な評価となります。
トピックごとに分けて考えてみましょう。
以下の点は品質を判断する上で重要な要素です。

▶ ライバルよりも広い範囲のトピック（情報の幅）
▶ ライバルよりも専門的で詳しい（情報の濃さ）
▶ ライバルには無いオリジナルの情報を含む（独自性）
▶ ライバルよりも信頼性が高い（著者の権威性）

ライバルより広い範囲のトピック（情報の幅）

　1つの物事を説明するために、その背景も含めた周辺のトピックを含めます。検索ユーザーが興味の無いトピックは不要ですが、広い視点で物事を解説することで検索ユーザーにとってわかりやすい情報となります。

　検索ユーザーが気になるトピックは網羅した上でコンテンツの差別化を図りましょう。トピックの幅が広すぎるとテーマがぼやけてしまうため、訪問者の目線で必要十分なトピックを見極めましょう。

ライバルよりも専門的で詳しい（情報の濃さ）

　トピックにはできるだけ詳細な情報を含めます。検索ユーザーが興味を持たない情報は含める必要はありません。また、説明が冗長となってしまう場合には、箇条書きや表、図、動画を使用して簡潔に表現します。

ライバルには無いオリジナルの情報を含む（独自性）

　幅広いトピックで、詳しく解説していたとしても、上位に表示されるライバルコンテンツと差別化を図ることができなければ、ユーザーからも検索エンジンからも評価されません。

　自社製品やサービスの例や独自の調査研究データなど、ライバルが真似しにくいオリジナルのトピックを含めていきましょう。

ライバルよりも信頼性が高い（著者の権威性）

　GoogleはYMYLコンテンツを対象に、信頼性を求められる検索結果に関しては、著者の作成してきたコンテンツや履歴を参考にします。Googleは著者名でコンテンツの著者を特定するわけではありませんが、著者の存在を明確にし、品質を維持していくことで特定の分野での検索結果に良い影響を与えることがあります。

作成するコンテンツの最低文字数

　検索ユーザーの意図を解決できるものであれば、文字数に関係なく、オンラインサービスでも動画でも上位掲載されます。

　上位表示されているライバルコンテンツが長文コンテンツだからといって、必ずしもそれを真似る必要はありません。

　重要なことはどのようにして検索ユーザーの問題を解決するかであって、解決方法は1つではありません。

コンテンツ作成時の注意点

コンテンツを作成する際は検索エンジンではなく、読み手の状況や意図を意識しましょう。検索ユーザーに最後まで読まれ、満足されるコンテンツは、検索エンジンからも評価されるようになります。

ユーザー体験を意識して検索エンジンのガイドラインを遵守する

　トピックを構成する要素には、見出し、画像、動画、リンク、表、箇条書きのリストなどがあります。訪問者に内容を伝えるために、これらの要素を上手に活用していきましょう。

トピックの順番を整理して、読み手が理解しやすい話の流れをつくる

　ただ単純に各トピックの説明を羅列するだけでは、話がつながらず読みにくい文章となります。

　少し極端な例となりますが、餃子の作り方を例にすると、材料の説明の後に、作業手順に沿って説明した方がわかりやすいでしょう。

　材料を用意し、具を混ぜ合わせ、餃子の皮で包み、フライパンで焼くという手順のところを、先に焼き方の説明をして最後に材料の説明をしたのでは、話がつながらず読みにくくなります。

　トピックとトピックのつなぎ目には特に注意し、読み手がスムーズに読み進められるように考慮しましょう。

画像や写真を適度に使用

　テキストだけのコンテンツに対して抵抗を持つ訪問者もいます。

　物事を説明する上で、文章だけでは伝わりにくいケースもあるため、適度に画像や写真を使って説明しましょう。

ユーザーの端末や読みやすさにも配慮する

　パソコンだけでなく、スマートフォンでコンテンツを見た場合の読みやすさも考慮しましょう。文字が小さすぎないか、改行が適度に入っているか、行間が詰まりすぎていないか、読みやすいフォント色となっているかなどを確認します。

売り込み色を出しすぎない

商品の宣伝や広告ばかりが目立つと、押し付けがましく、煩わしいと思われます。

トップページとブログコンテンツは、役割が異なります。トップページや商品ページはライバルとの差別化ポイントやセールスポイントを明確に打ち出すものです。

一方、ブログ記事内では情報収集目的の検索ユーザーに対して、役立つ情報を提供して信頼を獲得することが目的です。

売り込みを意識しすぎたコンテンツは途中で訪問者が去ってしまうかもしれません。

画像の無断転載

画像の無断転載は法的にモラルの面でも大きな問題となります。特に利用許諾を確認せずにネットで見つけてきた画像を使用することは避けましょう。

著作権フリーの素材も掲載条件によっては利用できない場合もあります。利用可能なライセンスかどうかは必ず確認する必要があります。

文章のコピペも問題になる

他人のコンテンツの文章をまるごとコピーした場合にも大きな問題となります。

ただし文章の一部であれば、一定の条件を満たすことで引用することはできます。

- ▶ 引用の目的上正当な範囲内で行われるものであること
- ▶ 引用される部分が「従」で、自身のコンテンツが「主」であること
- ▶ かぎ括弧などを使用して引用文であることが明確に区分できること
- ▶ 引用元のURLや題号、著作者名が明記されていること

ほかにも引用元の内容を改変することはできない、公表されていない著作物は引用できないなどがあります。

詳しくは、以下の「公益社団法人著作権情報センター」のページを確認しましょう。

https://www.cric.or.jp/qa/hajime/hajime7.html

検索ユーザー目線で役立つコンテンツ

ただ長いだけのコンテンツは、読みにくいだけでなく、ビジネスとしての成果にもつながりません。

検索ユーザーに最後まで読んでもらえるように、細部にこだわりましょう。コンテンツは一度作成したら、それで終わりではありません。よりわかりやすく、より詳しく、より新鮮な情報となるように、定期的にコンテンツを改善していきましょう。

クエリの意図を把握するには、検索ユーザーの視点で考える必要があります。Google
のSERPで利用可能な、オートコンプリートや関連キーワードは、検索ユーザーの意図
を把握するためのヒントとなります。

調査を行う前に検索意図を推測する

まずはクエリリストの中からクエリグループを1つ選択します。

「フットサル シューズ 選び方」というクエリを例にして、どのような意図が含まれ
るかまずは自力で考えてみましょう。

▶ フットサルシューズの種類が知りたい

例えば体育館など屋内の場合と、人工芝の屋外フットサルコートとでは機能が異なる。

▶ そもそもランニングシューズなどではダメなのか知りたい

ボールを蹴るスポーツで相手に足を踏まれることもあるため、耐久性が必要となる。

▶ サッカーシューズとの違いも知りたい

屋外フットサル場や体育館ではスパイク使用は禁止されている。

このような意図をトピックに分類して、疑問や問題点を解決できるコンテンツを
作成していきます。

コンテンツのテーマは「フットサルシューズの選び方」についてです。

▶ フットサルシューズの種類と特徴、価格など

屋内用と屋外用の違いについて

▶ ほかのシューズがフットサルに適していない理由

▶ サッカーシューズとフットサルシューズの違い

この場合自分で考えたトピックは3つです。しかしこの段階でいきなりコンテン
ツを作成せずに、検索ユーザーの意図をさらに詳しく調べましょう。

ツールやサービスを使って検索ユーザーの意図を調べる

SE Rankingの「検索エンジンオートコンプリート」ツールやそのほかのオンライ
ンツールを使用して、オートコンプリートでサジェストされるクエリを調べましょう。

この場合は、ツールによって以下の2つのクエリがサジェストされました。

▶ フットサルシューズ 選び方 サイズ

▶ フットサルシューズ 選び方 つま先

「シューズのサイズの選び方を知りたい」という意図と、「シューズを履いた時の快適なつま先のスペースを調べたい」という意図をカバーするトピックがコンテンツには含まれていないことに気がついたため、次のトピックをコンテンツに含めました。

▶ 自分の足に合ったタイプのシューズや適切なサイズの選び方

▶ つま先のスペースはどの程度余裕が必要なのか

このようにサジェストされる検索候補で含められそうなトピックがあれば、コンテンツに追加しておきましょう。

例では省略していますが、このほかに関連キーワードも参考にして含めるべきトピックを追加しましょう。このように複数の情報を元にして比較すると、クエリの意図が掴めてくると思います。

他のキーワード	
🔍 フットサルシューズ 選び方 サイズ	🔍 フットサルシューズ 人工芝 裏
🔍 フットサルシューズ 室内	🔍 フットサル シューズ 靴底 ルール
🔍 フットサルシューズ おすすめ	🔍 フットサルシューズ プロ使用
🔍 フットサル シューズ 素足感覚	🔍 フットサルシューズ 人工芝 室内 兼用

Goooooooooogle ›
1 2 3 4 5 6 7 8 9 10　　次へ

同様にYahoo!知恵袋で「フットサル シューズ 選び方」で検索して、同じような疑問がないかを確認することもできます。ここでも含められそうなトピックがあれば追加すると良いでしょう。

Yahoo!知恵袋　https://chiebukuro.yahoo.co.jp/

対象クエリで上位表示の競合コンテンツを分析する

ここまでの作業では、"自身"で考えたトピックをもとに、ツールを使って"ユーザー"が調べているトピックも加えてきました。ここからより競争力のあるコンテンツに仕上げていくために、"ライバル"のコンテンツも分析しましょう。

ライバルのコンテンツを見てみよう

引き続き「フットサル シューズ 選び方」のクエリを例に解説していきます。

ここまでの作業では、コンテンツに含めるトピックは次のようになっています。

▶ フットサルシューズの種類と特徴、価格など
　 屋内用と屋外用の違いについて

▶ ほかのシューズがフットサルに適していない理由

▶ サッカーシューズとフットサルシューズの違い

▶ 自分の足に合ったタイプのシューズや適切なサイズの選び方

▶ つま先のスペースはどの程度余裕が必要なのか

ここからは更にライバルサイトのコンテンツでカバーしているトピックも確認しておきましょう。

次のような手順で調査します。

1 コンテンツ作成のために選んだクエリでGoogle検索してみます（この例の場合では「フットサル　シューズ　選び方」です）。

2 実際に上位1〜3位のライバルコンテンツを見てみましょう。はじめのうちは、エクセル等の表を使って、競合サイトのトピックを分解して箇条書きにしてまとめるとわかりやすいかもしれません。

フットサルシューズの選び方

自社ページ	1位	2位	3位
フットサルシューズの種類と特徴、価格など			
屋内用と屋外用の違いについて			
ほかのシューズがフットサルに適していない理由			
サッカーシューズとフットサルシューズの違い			
自分の足に合ったタイプのシューズや適切なサイズの選び方			

3 類似するトピックを色分けしておくと、上位表示のコンテンツの特徴がわかります。オリジナルのトピック、共通してカバーされているトピックを確認しましょう。

フットサルシューズの選び方

自社ページ	1位	2位	3位
フットサルシューズの種類と特徴、価格など	シューズの違い（ソール）	シューズの違い（ソール）	シューズの違い（ソール）
屋内用と屋外用の違いについて	屋内用と屋内用の違いについて	屋内用と屋内用の違いについて	屋内用と屋内用の違いについて
ほかのシューズがフットサルに適していない理由	シューズの違い（アッパー）	シューズの違い（アッパー）	シューズの違い（アッパー）
サッカーシューズとフットサルシューズの違い	大然皮革と人工皮革	大然皮革と人工皮革	大然皮革と人工皮革
自分の足に合ったタイプのシューズや適切なサイズの選び方	甲の高さ	甲の高さ	甲の高さ
	足の幅		
	つま先のスペース	つま先のスペース	つま先のスペース
	かかと部分	かかと部分	かかと部分
	フィーリング	土踏まず	土踏まず
	足裏の感覚	足裏の感覚	
	クッション性	クッション性	
	グリップ力	グリップ力	
	柔軟性	柔軟性	
	幅の広いシューズ	片足で立つ	片足で立つ

ここで調査したトピックで含められそうなものや、それ以外でも検索ユーザーに役立ちそうなほかでは扱っていないトピックもコンテンツに加えていきましょう。

この後の作業では、これらのトピックをもとに自身の言葉で文章を考えてコンテンツを作成していくことになります。

独自性について

クエリ調査からトピック調査までの方法は、多くの企業も実践している一般的な方法です。そのため、競合の多いクエリの場合には、似たようなコンテンツが多く検索結果に表示されます。

この場合、検索順位評価の鍵を握る要素はライバルが簡単には真似できないような独自性となるでしょう。

例えばメーカーであれば技術的な知識を基にしたコンテンツ、販売店であれば豊富な商材を比較したコンテンツなど、ライバルに簡単に真似されないコンテンツ作成が理想的です。

トピックから
アウトラインを作成する

コンテンツを構成するトピックのリストアップが完了したら、コンテンツのアウトラインを作成しましょう。複数のトピックを単純に羅列するだけでは読みにくいコンテンツとなります。ストーリーを考えて、トピックの構成を練りましょう。

アウトラインとは

コンテンツを作成する際は、いきなり文章を書きはじめるのではなく、まずトピックの順番や章立てを決めましょう。

アウトラインについて理解するためには、もう一度トピックについておさらいする必要があります。

トピックとは

トピックとは、見出しとそれを説明する文章、画像、動画、参照リンクなどを含む1つの塊です。

コンテンツにおけるアウトラインとは、文章の流れを組み立てる設計図のようなものです。

扱うトピックが多いほど、縦に長いコンテンツとなります。アウトラインを決めずにコンテンツを作りはじめた場合、内容がまとまらず、読み手にとってわかりにくい文章となりがちです。

また、重要なトピックの配置場所も検索エンジンの評価に影響します。検索ユーザーが素早く知りたい内容を探すことができなければ利便性の高いコンテンツとは言えません。

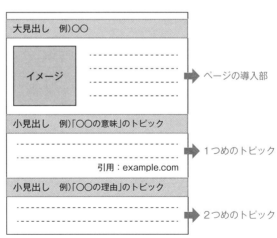

大見出し　例)○○

イメージ

➡ ページの導入部

小見出し　例)「○○の意味」のトピック

➡ 1つめのトピック

引用：example.com

小見出し　例)「○○の理由」のトピック

➡ 2つめのトピック

アウトライン作成のメリット

　アウトラインを作成するメリットは、読み手が理解しやすいようにトピックの流れを先に決めることができる点です。

　文章の骨格を先に決めてから文章を書きはじめるため、論点がずれにくく、重要なポイントを忘れずに含めていくことができます。

≡ アウトラインを作成する

　アウトラインの作成には、使いやすいツールであれば、メモ帳でも、Word でもなんでもかまいません。実際にアウトラインを作成してみましょう。

　例えばここまでの作業で考えてきた「フットサル シューズ 選び方」を例にアウトラインを考えると次のようになります。

MEMO

> 下の画像は「OneNote」(https://www.onenote.com/) を使って作成したアウトラインです。

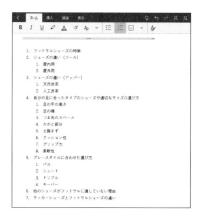

読者にわかりやすい文章構造を示す

　見出し (HTMLでは h1~h6 タグ) のレベルを適切に使用します。

　例えば、「フットサルシューズの選び方」というコンテンツのタイトルは HTML のタイトルや H1 で使用します。

　「フットサルシューズの特徴」「シューズの違い (ソール)」「シューズの違い (アッパー)」は HTML 見出しの h2 に相当する小見出しです。

　また、h2 の「シューズの違い (ソール)」には、「屋内用」「屋外用」といった HTML 見出しの h3 に相当する更にレベルの小さな見出しを使用しています。

ユーザーに役立つ情報を
追加する

役に立つコンテンツは参照や共有されることが多く、自然な被リンクを獲得できます。
ページ全体として共有される場合もあれば、ページ内の特定の情報が引用されること
もあります。

被リンク獲得の効果

被リンク獲得による直接的な効果は、
SNSや外部サイトからリンク経由で辿っ
てくる訪問者の増加です。そして、共
感を呼ぶようなコンテンツであれば、
SNSユーザーにシェア、拡散され、ま
たそのリンクを辿ってくる訪問者が増
えていきます。

質の高い
コンテンツ

ソーシャルで共有

それ以外に、SEOの面では質の高い被リンク獲得により、検索エンジン評価が向
上します。SNS上のリンクはランキングには影響が無いと言われていますが、一方
でTwitterの内容は一部検索結果に表示されることもあります。

たくさんの人にコンテンツが共有されることにより、そのうち何人かのブログやウェ
ブサイトで引用とともにリンクされる場合があります。

被リンク獲得においてもコンテンツの質は重要

訪問者に役立つコンテンツ、訪問者にわかりやすい、読みやすいレイアウトなど、
訪問者目線でコンテンツを作成していくことが重要です。

次のような点は被リンク獲得において考慮すべき点です。

共有されやすいコンテンツを掲載する

外部ウェブサイト運営者が利用できるイラストやインフォグラフィックなどの画
像を作成する事も有効です。参照リンクと記事タイトルの表記を掲載条件にして外

部サイトがその画像を使用できるようにします。

この方法以外にもSNSで共有されることを想定した動画コンテンツや、独自の実験結果や研究レポートなども引用されやすいものです。

このほか、競合ページの被リンクの文脈をチェックして、自身のコンテンツに応用するという方法もあります。

SE Rankingで競合ページの獲得被リンク状況を調べ、共有されやすいトピックやコンテンツを確認しましょう。上部メニューの「被リンクチェッカー」を使用して、URL単位で調査します。

質の高いコンテンツを作成する

ユーザーが調べたい情報を含み、情報量が豊富なコンテンツは検索される機会が増えます。オーガニック検索のトラフィックが発生していれば、被リンク獲得の機会も増えます。

しかし、読みにくいレイアウトやデザイン、不十分な説明では、コンテンツは最後まで読んでもらえず、被リンク獲得の機会は減少します。

わかりやすく、読みやすいコンテンツとレイアウト

検索経由でも参照リンク経由でも、訪問者が目的の情報にたどり着けなければ、共有や被リンク獲得にはつながりません。

特に検索ユーザーの場合、必要とする情報を短時間で見つけることができなければ閲覧を途中でやめてしまうかもしれません。この点についてはGoogle向けというよりは訪問者目線で改善していきましょう。

質の高いコンテンツをSNSで発信

TwitterやFacebook、YouTube、RSSフィード、メールを活用して、作成したコンテンツを多くの人に見てもらえるように情報を発信します。

TwitterもFacebookもYouTubeもオリジナルのブランドページを作成できます。

ビジネスにマッチしそうなSNSを活用して、より多くの人に知ってもらえるように情報を発信していきましょう。

検討したCTAを配置する

第5章4節でセールスファネルやクエリグループごとに設計した誘導先のリンクや
CTAをページに設置します。単純にリンクやCTAを配置するだけでは効果はありませ
ん。文脈上適切なポイントを作りだして、目的のページへ誘導しましょう。

CTAは配置場所が重要

効果的なCTAの設置個所はテストしなければわかりません。

スクリーンの上部やサイドメニュー上、フッター手前にCTAが表示されていたと
しても、簡単にクリックされるものでもありません。

コンテンツ本文内にCTAを組み込むことでクリックが増える場合もあります。

例えば、プロモーション対象の商品やサービスの使い方を記事内で扱い、無料トラ
イアル利用を促すCTAを設置する方法は効果的です。

CTAはクリック可能なボタンであることが多いです。

ボタンは本文の中に配置しても目立つ色が適しています。そしてボタンの周辺に
はクリックを後押しする短いテキストを配置するのが一般的です。以下のCTAは入
力フォームとボタンが配置されています。

CTAは単純にリンクを設定しても問題ありません。

このセクションでは、 SERPチェッカー の使い方を解説します。

検索順位を計測するだけでなく、キーワードごとの検索結果の特徴を掴む事ができれば、今までとは異なるアプローチで新たな施策へ応用していく事ができます。ここではSE Rankingをもとに説明します。

SE Rankingは2週間無料で利用可能なトライアルアカウントを作成できます。トライアル期間をフルに活用してSERP要素を最適化してみてはいかがでしょうか？

> **✎ トライアルアカウントを作成する**

SE RankingではSERP要素という項目により、検索結果で掲載されている17種類のブロックを以下のようにわかりやすくアイコン表示します。

　最適なCTAの配置位置や色、説明文を見つけるためにテストを行い、クリックが最も多いCTAパターンを採用しましょう。

≡ コンテンツの要素として必要なリンク

説得力を増す参照リンクと引用

　行政や信頼できるメディアの調査レポートやデータを、信頼性を示す根拠として使用することもできます。自身の見解を記述するより、信頼できるデータを参照することで訪問者が納得できる結論を導きだすこともできます。

　引用元を明示し、それが引用であることがわかるスタイルで表記しましょう。

BacklinkoのBrian Dean氏の分析から2019年8月に以下のような結果が公表されています。CTRとはクリック率の事を意味します。

The #1 result in Google's organic search results has **an average CTR of 31.7%.**

Here's What We Learned About Organic Click Through Rate

関連するコンテンツへのサイト内リンク

　Googleは自動で設置されるリンクや、手軽に一括で設置できるサイトワイドリンクよりも、人の手で編集に時間を割いて本文内に設置したアンカーテキストリンクの方を評価しているようです。

　コンテンツ内から読者の興味をひくコンテンツへのリンクや、知識を補足するようなコンテンツへのリンクは、訪問者の滞在時間を増やします。ウェブサイト内のコンテンツ同士で役に立つリンクがあれば設置しておきましょう。

比較やレビューコンテンツ作成時の注意点

2021年4月8日にGoogleは、商品レビューに関するランキングシステムの改善（商品レビューに関するアップデート）を英語圏で実施しました。今後は、日本への適用も想定した上で、比較やレビューを作成する必要があります。

商品レビューに関するアップデート

　商品レビューを行うコンテンツに関して、多数の商品をまとめただけの質の低いコンテンツよりも、詳細な調査結果を示しているコンテンツの方をより評価するようにランキングシステムが改善されています。

　単純に比較やレビュー対象の商品点数が多ければ良いというわけではなく、今後はレビューの質も重要視されていくことになるでしょう。

アップデートの適用範囲

　発表時点では英語圏全体で実施し、Google検索だけでなく、Google Discoverの結果にも影響していました。対象範囲は、日本語などほかの言語や国に拡大していくことが予測されます。

対象となるコンテンツ

　1つの商品やサービスに対するレビューをまとめたページと、複数商品をまとめたレビューのどちらも対象となっています。

　専門家により提供される詳しいレビューが評価される一方、不特定のユーザーが作成するUGC（ユーザー生成コンテンツ）は品質のコントロールが難しいため、Googleから高い評価を得ることは難しくなります。

　比較やレビューに関連する検索クエリは、トランザクショナルなクエリに分類されるため、SEOで上位表示を実現できれば収益の向上が期待できます。

　Googleが提示しているアドバイスも考慮に含めた上でコンテンツを作成していきましょう。

レビューコンテンツ作成に関するGoogleのアドバイス

Googleが提供しているアドバイスは以下のとおりです。

▶ 必要に応じて、商品に関する専門知識を伝えているか。

▶ メーカーが提供する情報以外の独自のコンテンツで、商品の見た目や使い方を紹介しているか。

▶ 商品に求められる各種の性能がどの程度達成されているかについて、定量的測定を提供しているか。

▶ 競合商品との差別化要因について説明しているか。

▶ 比較対象となる商品を示しているか。または、特定の用途や状況にどの商品が最適か説明しているか。

▶ 調査に基づいて、特定の商品のメリットやデメリットについて述べているか。

▶ 以前のモデルやリリースから商品がどのように改善され、問題点が解消されたかなど、ユーザーの購入決定に役立つ情報を提供しているか。

▶ 商品が属するカテゴリの主な意思決定要因と、その分野での当該商品の性能を明らかにしているか。たとえば、自動車のレビューでは、燃費、安全性、運転のしやすさが主な意思決定要因であると判断し、そうした分野での性能を評価します。

▶ メーカーからの情報以外に、商品の設計と、それがユーザーに与える影響に基づいて、重要な選択肢を示しているか。

(出典：「Google の商品レビューに関するアップデートについてクリエイターが知っておくべきこと」https://developers.google.com/search/blog/2021/04/product-reviews-update?hl=ja)

　レビューコンテンツは検索ユーザーが商品を購入する前に参照されることが多く、購入意思決定を左右する重要なコンテンツです。

　コンテンツ作成側は、検索ユーザーの商品選定のために役に立つ判断基準を提供するよう心がけましょう。

MEMO

Googleからは別途商品レビューを書く方法についての推奨項目が公開されています。商品レビューを作成する際には、こちらも参考にしましょう。

質の高い商品レビューを書く方法
https://developers.google.com/search/docs/advanced/ecommerce/write-high-quality-product-reviews

公開前にターゲット層に近い 第三者に読んでもらう

ユーザーに価値ある検索体験を提供することで検索エンジンからの評価も獲得できます。一方で、素晴らしい内容であっても、理解しにくい文章では最後まで読んでもらえません。最終的にターゲット層の問題解決に役立つコンテンツに仕上げましょう。

正しい文法と読みやすさの配慮

　長いコンテンツをそのまま工夫せずにのせてしまうと、以下のように読みにくい文章となります。

（Search Engine Optimization）とは、Googleなどの検索エンジンに対して上位表示を目的にコンテンツや被リンクといったサイト内外のランキングシグナルを最適化する事を意味します。検索エンジン最適化とも言います。検索される機会や集客、見込み客、売り上げを向上する取り組みとなります。 SEOは企業内の様々な部門との調整が必要となる為、検索広告やディスプレイ・バナー広告などと同じく販売や成約を増やす為のオンラインマーケティング施策の一つとして扱うのではなく、SEO自体を一つのプロダクトと同等に管理していく必要があります。SEOを正しく理解してプロダクトの一つとして企業内で運営する事で、見込み客の獲得の促進や顧客維持に繋げていく事ができます。

　スマートフォンで表示させると更にひどいことになります。

　この状態では、読むだけで一苦労のため、成果に結びつくことはないでしょう。

コンテンツを簡潔かつ読みやすくするアイデア

　読みやすさを改善するには、以下のようなアイデアがあります。

　ターゲット層の属性や行動を考慮して、改善できそうな点があればお試しください。

　コンテンツを公開する前には、デスクトップだけでなく、スマートフォンでもチェックしましょう。Googleはモバイルデバイスで表示されるコンテンツやレイアウトを評価基準としているからです。

　もちろん、想定されるターゲット層の使用デバイスがスマートフォンであれば、スマートフォンで表示されるコンテンツを重点的に確認しましょう。Googleのアルゴリズムでは問題なくても、肝心のターゲット層に優れた体験を提供できなければ、最終的な成果にはつながりません。

▶ 文章以外で表現する方法も検討する。
- ・画像
- ・表形式
- ・箇条書き
- ・手順

▶ 3行でひとかたまりの文章を心がける。

▶ 読みやすい位置で改行する。

▶ 段落ごとに空間を作る（1行分の空間があっても良い）。

▶ 色は統一しつつ本当に重要なポイントに別の色や太字を使用する。

▶ 使用するフォントは読みやすさを優先。

▶ 文字と同系色の背景は避ける。

▶ 文字の大きさは小さすぎないように気をつける（ターゲット層が40歳以上なら老眼による見えにくさも考慮）。

▶ 見出しを上手に使う（文章の全体像がわかりやすい。知りたい情報が記載されている場所をすぐに見つける事ができる）。

▶ 正しい日本語、文法を使う。

　このほか、ターゲット層に近い第三者に想定デバイス（デスクトップ または スマートフォン）でコンテンツを読んでもらい、わかりにくい場所があれば指摘してもらうことも重要です。

　実際に問題解決に役立つかどうかも含めて意見を聞きましょう。

アレグロマーケティングの歩み

アレグロマーケティングでも設立当初からブログを活用して、多くの失敗を重ねながら記事コンテンツを作成しています。

最初はSEOの知識も十分ではなく、単純にトラフィックを獲得することだけを目的に記事を作成していました。一般的に「インデックス数が多ければ、検索エンジンからの評価も高まる」という統計データを信じて、記事の品質は二の次でまずは記事を書くことと、ページごとのキーワード最適化だけに注力していた記憶があります。

下のグラフは2011年から2016年頃までのオーガニックトラフィックの推移です。

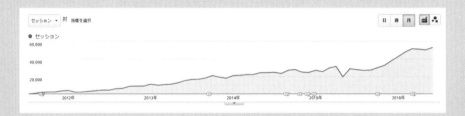

その後、インターネット上のライバルコンテンツも充実してきたこともあり、トラフィックが上がらない時期がしばらく続き、ようやく検索ユーザーの意図やコンテンツの品質が重要であることに気がつきました。具体的には、検索ユーザーが求める情報を調査するようになり、読みやすさ、情報の信頼性や価値も工夫するようになっています。

また、この時点で、トラフィックは多く獲得できても成果には一切つながらないクエリもあることがわかり、逆にトラフィックは少なくともCVRの高いランディングページも存在するということもわかりました。そのため、対象クエリも見直しました。

最終的には、トラフィックや検索順位だけに興味を持つのではなく、セッション時間や直帰率、CVの貢献度といったユーザー行動も把握して、改善を行うようになりました。

結果的に2015年の後半にはトラフィックだけでなく、ユーザー行動に関する指標やCVの数が大幅に改善されています。

SEOやマーケティングでは、機械や数字ばかりを見てしまうと小手先の方法を求めてしまいます。ヒトの行動を意識し、良い検索体験を提供できるよう心がけましょう。

第 **7** 章

オンページSEO

オンページSEOは、ページ上のテキストやタグを使用して検索エンジンに最適化する方法です。比較的簡単に対応できるため、ライバルウェブサイトでも同様の施策を行っている可能性が高く、最低限行っておいた方が良い手法とも言えます。

役に立つ
内部リンク・アンカーテキスト

アンカーテキストとは、リンクが設定されたテキストのことを意味します。適切なアンカーテキストリンクは検索エンジンだけでなく訪問者の利便性も高めます。リンク先のページがわかるアンカーテキストを設置しましょう。

アンカーテキストとは?

アンカーテキストは次のようなリンクが設定されたテキストのことを意味します。

アンカーテキスト無し

> アンカーテキストはリンク先のページが何かわかりやすい言葉にして、設定しましょう。

アンカーテキスト有り

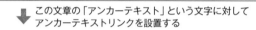 この文章の「アンカーテキスト」という文字に対して
アンカーテキストリンクを設置する

> <u>アンカーテキスト</u>はリンク先のページが何かわかりやすい言葉にして、設定しましょう。

リンク先ページがわかるアンカーテキストを設置することで、訪問者は安心してリンクをクリックできます。

Googleはアンカーテキストリンクを見て、リンクとコンテンツの関連性を把握し、信頼度を測る際のシグナルとして評価しています。

リンクというと外部ウェブサイトとのリンクをイメージしがちですが、自身のウェブサイト内のコンテンツ同士でリンクする際のアンカーテキストも、ランキングに影響します。

人懐っこくやんちゃな
ワンちゃんです。

ビーグル犬の
特徴について

リンク先は
ビーグル犬について
のページかな?

リンク先は
ビーグル犬について
のページかな?

検索エンジン　　　　　　　　　　　　訪問者

適切なアンカーテキストを設定する

少なくとも自身のウェブサイト内の被リンクは自身で修正することができます。次のような点を心がけてアンカーテキストを活用しましょう。

▶「次のページが何であるか」が理解できるアンカーテキストを設置
「こちら」、「次へ」などのような曖昧な表現はできるだけ避けましょう。

例) 詳しくは<u>コチラ</u>

▶ リンク先コンテンツと無関係のテキストにリンクを設定しない
リンク先のページが「ビーグル犬」についてのページなのに、「ダックスフント」というアンカーテキストを設定していれば、訪問者からすれば不親切で使いにくいリンクとなります。

訪問者

▶ 長い文章にリンクを設定しない
単語か、短い文章に対してリンクを設定しましょう。SEOを意識しすぎてキーワードを詰め込むことは避けましょう。

▶ リンクとわかるような書式にする
背景と同系色のリンクテキストは、訪問者に認識しにくいリンクとなるだけでなく、Googleのガイドラインでも禁止されています。
訪問者にとって判別しやすいリンクテキスト色を指定しましょう。ブラウザの標準ではブルー系の色が指定されます。

サイドやヘッダー、フッター部分のナビゲーションメニューのテキストに関しては、

無理にキーワードを含めたアンカーテキストに変更する必要はありません。

使いにくい不自然なメニューとならないように配慮してください。

メニューがテキストではなく、画像の場合には、アンカーテキストの代わりに画像に対してalt属性を指定しましょう。

検索エンジンはalt属性のテキストも参考にしてコンテンツを理解します。

≡ 長文コンテンツにおける目次の役割

何度もスクロールしなければならないコンテンツの場合には、検索ユーザーに目的の情報に素早くアクセスしてもらうための工夫が必要です。

このような場合には、ページ内に目次を作成し、ページ内リンクを設定しておくと良いでしょう。

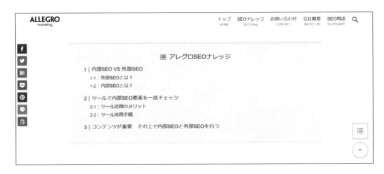

一方で文字数が少ないコンテンツの場合には、必ずしも目次を配置する必要はありません。

目次とページ内リンクを設定するメリットは、ページ内に辿り着いた訪問者が素早く目的の情報に辿り着くことができる点のほかに、もう一つあります。

それは、検索クエリが目次とマッチしていた場合に、次のようにサイトリンクがスニペットに表示される点です。

このサイトリンクをクリックすると、直接目次のリンク先へジャンプします。

記事の著者を明示する

Googleは検索ユーザーのクエリがYMYL関連のトピックである場合に、EAT評価を重要視します。つまり、ユーザーのために慎重に扱う必要のあるトピックに対しては、著者の信頼性が重要視されます。

YMYLとEATとは?

YMYLとは、人の将来の幸せや、健康、財産、安全に影響を与える可能性がある以下のようなトピックを含むページのことを意味します。Googleの検索品質評価ガイドラインに定義されている Your Money or Your Life Pages の頭文字とった言葉です。

- ▶ ニュースや現在のイベント
- ▶ 国際的なイベントやビジネス、政治、科学、技術など重要なトピックに関するニュース。ただし全てのニュース記事がYMYLとみなされるわけではありません (スポーツ、エンターテイメント、日常のライフスタイルなど)
- ▶ 市民社会、政治、法律
- ▶ 投票や政府機関、公共施設、公共サービス、法的な問題 (離婚や子供の親権、養子、遺言など) など市民生活を維持するために必要な重要な情報
- ▶ 財産
- ▶ 投資や税金、定年後の計画、ローン、銀行取引、保険に関する財産アドバイスや情報、オンラインで送金、購入を許可する特定のウェブページ
- ▶ ショッピング
- ▶ 研究やグッズ/サービスの購入に関するサービスについての情報や、オンラインで購入することを目的とした特定のウェブページ
- ▶ 健康と安全
- ▶ 医療の問題、薬物、病院、緊急事態への備え、危険な行為などに関する情報やアドバイス
- ▶ 人々のグループ
- ▶ 人種や民族起源、宗教、障害、年齢、国籍、退役軍人、セクシャルオリエンテーション、性別、ジェンダーアイデンティティを含む、ただしこれらに限定されない人々のグループに関する主張や情報

YMYLとみなされるような大きな決定や重要な観点に関するトピックはたくさん

あります。例えばフィットネスと栄養、住宅物件の情報、大学受験、就職活動なども含まれます。また、特に医療系分野に関連するECサイトの場合は、EATが重要となっていきます。

EATとは、YMYLトピックを評価する際に重要視される要素のうち、専門性 (expertise)、権威性 (authoritativeness)、信頼性 (trustworthiness)のことを意味します。それぞれの頭文字をとってEATと呼びます。

コンテンツや著者のEAT評価方法

過去のGoogle側のコメントによると、以下のような要素を使って評価しているようです。

- ▶ PageRank (ウェブのリンクを使用して権威性を評価)
- ▶ ウェブサイトで明示されている記事の著者またはレビュー者の情報
- ▶ 著者の写真 (ストックイメージから使用したものではないこと)
- ▶ ウェブサイト全体
- ▶ コンテンツ自体
- ▶ 構造化データ (Articleのauthor, author.name, author.urlプロパティ指定)

YMYLトピック関連の記事を作成する方法

特に健康関連の分野で、あなたがその分野の専門家ではない場合は、正確かつ信頼できるコンテンツを作成するために以下のような方法を検討しましょう。

- ▶ 専門家を探して記事を書いてもらう
- ▶ あなたが書いた記事をレビューしてもらう

また、例えば専門家の医師にレビュー、または記事を書いてもらった場合には、訪問者に信頼してもらえるようにできるだけ詳しい情報を提供します。

- ▶ その医師に関するテキスト情報
- ▶ 医師のプロフィールページへのリンク

作成したあらゆる著者のページから中央地点となる著者情報ページや、SNSのプロフィールなどへリンクすることをおすすめします。

一方で以上のような方法を採用せずに、専門家の名前だけを借りても効果は見込めません。検索ユーザー側からすれば当然のことと言えます。

タイトルタグの最適化

タイトルは、HTMLの\<title>\</title>タグに記述するテキストで、検索順位に直接影響し、最も効果的にかつ簡単に最適化できます。Googleは、サイト内のページそれぞれに固有のタイトル文を追加することを推奨しています。

検索ユーザーは検索結果を見た際に何を基準にクリックしているか?

検索ユーザーはSERPを見た際には、上位から順にふさわしいコンテンツを探します。この際にSERPの「タイトル」「紹介文」「URL」、場合によっては「日付」などを目安にして求めている情報がありそうなページをクリックします。

タイトルや紹介文は、自身で最適化できる要素です。直接検索ユーザーにアピールできる重要な要素のため、必ず設定しておきましょう。

```
<title>内部SEOと外部SEOとは? | アレグロのSEOブログ</title>
```

タイトルタグに記述する文章は基本的に検索結果にそのまま表示されます。ただしタイトル文が空白であったり、コンテンツと関連しないタイトルであったり、クエリとの関連性がない場合には、Googleがコンテンツ内から見出しやそのほか周辺のテキストを抽出して検索結果のタイトルに使用することもあります。

上のキャプチャ画像では、タイトルタグで記述したタイトル文は表示されていますが、それに加えて社名が付け加えられています。

> 内部SEOと外部SEOとは? | アレグロのSEOブログ – アレグロマーケティング

タイトル文作成時に考慮すべきポイント

次のような点を考慮してタイトル文を考えましょう。

タイトルタグの適切な文字数

　検索結果の画面上に表示されるタイトル文には、表示できる幅のピクセルに上限があり、それを超えると下の図のように省略されてしまいます。

301リダイレクトと302リダイレクト使い方 ページ・サイト移転方法と期..
https://www.allegro-inc.com › SEOブログ › SEO対策基礎知識 ▼
2016/09/13 - 301リダイレクトとは、一時的ではなく、恒久的に転送するという意味で、ページやサイトの引っ越し時に使用します。このページでは、301リダイレクトを使ってサイトやページを移転する際、検索エンジンが認識するまでの期間やGoogleはどの...

　デスクトップ検索とモバイル検索に対応する文字数としては、一般的には30文字程度を目安にして作成すると良いでしょう。検索ユーザーや、検索エンジンにとってはページの内容を示す手がかりとなるため、文字数は短すぎないように注意しましょう。

タイトルタグにクエリを含める

　考えつく全てのクエリを含めると単純なキーワードの羅列となってしまいますので避けた方が良いでしょう。コンテンツに含まれるトピックにマッチするクエリのうち優先度の高い2〜3ワードに絞った上で、魅力的なタイトル文を作成しましょう。

　以前はタイトルにクエリを含めるだけでも順位に大きく影響していましたが、Googleアルゴリズムの改良とともにタイトルタグが検索順位に与える影響度は徐々に小さくなりつつあります。

ライバルよりも魅力的なタイトル文を作成する

　目的のクエリで、より上位の競合コンテンツよりも魅力的なタイトル文を作成する事で、順位が若干劣っていても同等以上の割合でクリックされる可能性もあります。

SEOを意識し過ぎると失敗も

　SEOばかりを意識してしまうと、ページ内のコンテンツに無関係なタイトル文を記述してしまいます。仮に上位表示されたとしても、検索ユーザーは目的の情報が無いと分かれば、再び検索エンジンの画面に戻ってほかのページを見に行ってしまうでしょう。

　クエリに関連するコンテンツが無い場合は、既存のコンテンツに追記するか、新たにクエリに関連するページを作成しましょう。

　HTMLファイルを直接編集している場合は、前節で説明した<title></title>箇所を探して中身を編集しましょう。

メタディスクリプションの最適化

検索結果に表示される紹介文は、通常はメタディスクリプション（meta description）に記述している文章が使用されます。ページ個別に異なる紹介文を記述しましょう。ここでは設定時に考慮すべきポイントについて解説します。

メタディスクリプションとは？

検索ユーザーはSERPの情報を見て、必要とする情報がありそうなページをクリックします。タイトルと同様、検索結果に表示される紹介文は検索ユーザーに対して直接アピールできる重要な要素です。

メタディスクリプションは、次のようにHTMLで、<meta name="description" content="">と記述し、content=""の中にそのページの内容を示す紹介文を簡潔に記述します。

```
<meta name="description" content="XMLサイトマップの自動生成、アップロード、検索エンジン通知を自動化できるWindows用サイトマップ生成ソフト。無料ツールとは異なりページ数無制限、サポート付き。1000ページ以上のウェブサイト運営者におすすめです。"/>
```

メタディスクリプションが空白であったり、コンテンツと異なる紹介文であったり、クエリとの関連性がなかったりなどの場合には、Googleが本文からテキストを抽出して、SERPの紹介文に表示することもあります。

メタディスクリプション作成時に考慮すべきポイント

メタディスクリプションは、タイトルタグとは異なり直接検索順位に影響することはありませんが、ここで表示される内容次第でクリック率が変わります。
次のような点を考慮してメタディスクリプションを考えましょう。

メタディスクリプションの適切な文字数

検索結果上に表示される紹介文は、クエリや利用するデバイスによって文字数が変化します。デスクトップ検索とモバイル検索に対応する文字数としては、80文字以内を目安に文章を作成すると省略されにくいかもしれません。

検索結果に表示される文字数は頻繁に変更されるため、ここで記述している文字数を必ずしも守らなければならないわけではありません。あくまで目安として考えましょう。

ライバルよりも魅力的な紹介文を作成する

タイトルタグと同様、目的のクエリで上位のライバルサイトよりも魅力的なメタディスクリプションを作成することで、順位が劣っていても同等以上の割合でクリックされる可能性があります。

タイトルとメタディスクリプションはセットで考え、検索ユーザーにページの内容がわかるように記述しておきましょう。

タイトルと同様にほぼ全てのウェブ制作ソフトウェアやツール上でページ別にメタディスクリプションを追加できます。

設定したタイトルとメタディスクリプションはすぐには検索結果に反映されません。次回Googleがクロールし、情報を取得した後に反映されるようになります。

MEMO

クエリとの関連性が無い場合には、必ずしも記述した内容が検索結果に表示されるとは限りません。

タイトル、メタディスクリプションはコンテンツ作成時にページ個別に設定していくように心がけましょう。

MEMO

有料検索キャンペーンでは、品質スコアを高め、競合よりもクリックしてもらうために、キーワードに対して広告タイトルや広告文を詳細に最適化します。
SEOの場合は、クリックごとに費用は発生しませんが、有料検索キャンペーン同様に、タイトルやメタディスクリプションをクエリに対して最適化し、競合よりも魅力的なスニペットが表示されるように改善していきましょう。

タイトル／メタディスクリプションの重複を避ける

Googleは各ページ固有にタイトルとメタディスクリプションを設定することを推奨しています。どちらも検索結果に表示される場合があり、検索ユーザーはその情報をもとに訪問するかどうかを判断します。

タイトル、メタディスクリプションを記述する際の注意点

タイトル、メタディスクリプションに関しては、ウェブサイト全体でミスが無いか次のような点も確認しておきましょう。

▶ **タグの内容が重複しているページがある**
タイトルタグの記述が重複しているページがある。同様にメタディスクリプションでも記述の重複がある。

▶ **ページにタグが複数ある**
テンプレートとプラグインの相性によってタイトルやメタディスクリプションタグが二重に設定されてしまっている。

▶ **タグが記述されていない**
タイトルやメタディスクリプションタグ自体がない。または空欄となっている。

▶ **タグ内のテキストが長い**
タイトルやメタディスクリプション内の文字数が多すぎる。

▶ **タグ内のテキストが短い**
タイトルやメタディスクリプション内の文字数が短すぎる。

ウェブサイトの規模が小さければこれらの修正は比較的簡単です。
規模が大きいウェブサイトの場合には、一つひとつページのタイトルやメタディスクリプションを目視で確認するだけでも膨大な時間が必要となるかもしれません。
このような場合は、SE Rankingのようなツールを活用すると便利です。

タイトル、メタディスクリプションの問題点をチェック

次の手順でレポート結果を確認してみましょう。

1 SE Rankingにログインして、該当プロジェクトの「サイトSEO検査」→「問題点レポート」をクリックします**①**。

2 「Title」と「Description」のセクションまでスクロールダウンしてエラー内容を確認しましょう。

修正箇所が多い場合には、優先度の高い重要なページを重点的に修正することからはじめましょう。

メタキーワードは記述するべき？

メタキーワードは検索エンジン向けに記述するタグで、検索されたいキーワードをカンマ区切りで次のように記述します。

```
<meta name="keywords" content="SEO,キーワード,検索エンジン,最適化,無料">
```

検索エンジン向けにキーワードを入力する箇所のため、SEOで重要な要素のように思えますが、Googleは2009年の時点でメタキーワードはランキングシグナルとして活用していないとアナウンスしています。

現時点で主要な検索エンジン向けにメタキーワードを設定する必要はありません[注1]。

注1　https://developers.google.com/search/blog/2009/09/google-does-not-use-keywords-meta-tag

わかりやすい見出しを設置することはとても重要です。訪問者は探している情報を素早く見つけることができ、見出しを見るだけでページの全体像を把握することができます。ここではSEOにおける見出しの重要性と、考慮すべきポイントを解説します。

見出しで使用するHeadingタグ

見出しは次のように配置します。最も重要な見出しにはH1を使用し、見出しのレベルによってH6まで割り当てることができます。

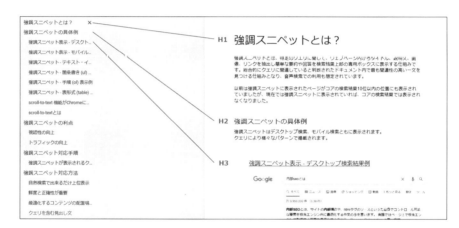

HTMLでは次のようにhと数字の組み合わせで記述します。

```
<h1>大見出しを記述</h1>
<h2>小見出しを記述</h2>
```

複数のHタグで階層構造を持つように作成されたコンテンツは、検索エンジンにとって理解しやすい構造となり、ランキングで優遇されると言われていました。

現在では、GoogleのJohn Mueller氏の発言によるとHタグはコンテンツの文脈や構造を理解するために少しだけ役立つ程度とのことです。

見出しが正しく使われていない場合でも、それが致命的な問題としてはみなされることはなく、順位が下がるといったこともありません。

一方でBingではコンテンツ理解の指標に活用しているようです。

　見出しを使うために、ウェブサイト全体のデザインを見直す必要はありませんが、簡単に見出しを設定できるウェブ作成ツールを使用している場合には、SEOというよりは、読みやすさを重視して見出しを活用すると良いでしょう。

見出しの使い方

　以前は見出しタグに関しては、「見出しにクエリを含めた方がよい」「複数のH1タグを使ってはならない」と言われていましたが、現在はあまり重要ではありません。

すべての見出しにクエリを含めるべき？

　大幅な検索順位改善は期待できませんが、主要なクエリに関しては、H1やH2内のテキストにそのクエリを使用することをおすすめします。

ページ上に複数のH1タグを使用すると評価が下がる？

　HTML5ではH1を複数使用しても問題ありません。Googleの公式発言によると、ページ上で複数のH1タグを配置することは問題ないようです。

　訪問者にとって読みやすく自然であればクエリが含まれていても問題ありません。また、無理に含める必要もありません。複数のH1タグを設定しても、それ自体が大きく順位に影響することもありません。正しい階層構造を意識して使用すれば良いでしょう。

07 | 設置する画像の最適化

通信環境が悪い場合、ページの画像表示が遅くなります。その間画像の代わりにalt属性のテキストが表示されます。Googleも画像を理解するためにalt属性や周辺テキストを利用しています。

alt属性の役割

ウェブサイトの訪問者はさまざまな環境でアクセスしてくることが想定されますが、alt属性を記述しておくことで次のような効果があります。

▶ スクリーンリーダーなどの読み上げソフトは、マウスカーソルをその画像の上に載せるとalt属性に入力したテキストを読み上げます。
▶ 回線環境が悪く画像が表示されるまでに時間がかかる場合にも、画像が読み込まれるまでの間altのテキストが表示されます。
▶ Googleは画像の中身を判別できるようになっており、alt属性を含めて様々なシグナルを活用しています。

ページに画像を挿入する場合には、alt属性に画像の中身を簡潔に説明するテキストを含めましょう。

例えば旭山動物園でペンギンが行進している写真をウェブ上に載せる場合には、<img>や<picture>を使用し、imgタグ内でalt属性を指定することができます。

```
<img src=" 画像のURL" alt=" 旭山動物園　ペンギンの散歩" width=" ○" height=" ○" />
```

<picture>は、レスポンシブページ用に用意した画面サイズに対応する複数の画像ソースを指定できます。

```
<picture>
<source srcset=" 画像のURLパターン1" media="(min-width: 600px)">
```

```
<img src="画像のURLパターン2" alt="旭山動物園 ペンギンの散歩">
</picture>
```

このようにalt属性を正しく設定することで検索エンジンにとっても理解しやすいページとなり、画像検索にも掲載される可能性が高まります。

ただし、次のような点に注意しましょう。

alt属性で考慮すべきポイント

alt属性を記述する際には、次のような点を注意しましょう。

▶ **全ての画像にalt属性を含める必要はない**
ウェブサイトのデザイン上で使用されているスペーサーや、画像に関しては、alt属性を使用する必要はありません。

▶ **無関係なキーワードを詰め込まない**
無関係なキーワードを詰め込めば、ガイドライン違反となります。訪問者にとって使いやすいコンテンツにすることが重要です。

▶ **簡潔に記述する**
長い文章を記述する事は避けて、簡潔に記述するようにしましょう。

ほとんどのウェブ制作ツールでalt属性を設定することができます。設定する際は事前にメーカーのFAQページで確認しましょう。

画像検索に関する最適化の要点

比較的画像検索で検索される機会が多いウェブサイトの場合は、以下の点も押さえておきましょう。

▶ **標準的な画像フォーマットを使用**
多くのブラウザが標準的にサポートする以下のフォーマットを使用してください。
JPEG、GIF、PNG、BMP、WebP

▶ **画像ファイルとその画像を掲載しているページの両方のクロール・インデックスが可能**
もしその画像を掲載しているページを削除または非表示にしてしまうと、画像検索からもその画像は検索できなくなります。

▶ **簡潔でわかりやすいファイル名**

画像のファイル名も画像の内容を理解する際に使用されます。日本語名のファイルではなくアルファベットで簡潔なファイル名にしましょう。

▶ ネイティブLazy-loadを使用

画像に対して loading=" lazy" 属性を使用することで、スクリーン上で表示されていない画像に対して遅延読み込みを設定することができます。

```
<img src=" 画像のURL" alt=" 画像の名前" loading="lazy" width=" ○" height=" ○" />
```

Chromeや一部のブラウザでサポートされており、Googlebotもサポートしています。ウェブ標準の属性となるため今後ほとんどのブラウザでサポートされることになるでしょう。

MEMO

画像の遅延読み込みとは、ブラウザに画像が表示される時点で読み込みを行う仕組みです。遅延読み込みを設定した画像は、ブラウザの表示範囲内に含まれるまで読み込まれないため、ページに訪問した際の表示速度が改善されます。

▶ コンテンツと関連性のある画像を使用する

ページや、そのタイトル、見出し、そのほかコンテンツと関連する画像を提供しましょう。

▶ 画像周辺のテキスト最適化

画像の近くに関連するテキストを配置し、画像の傍にキャプションを配置します。

▶ 画像の配置場所を最適化

重要な画像はページ上部に配置します。

▶ max-image-preview:largeを使用

max-image-preview-:largeを使用して、大きなサイズの画像プレビューを使います。

▶ ライセンス情報を追加

画像にライセンス情報を追加します。

▶ 画像を差し替える場合はURLを変更しない

URLが変わる場合には301リダイレクトを設定します。

MEMO

検索ユーザーは、画像素材を検索する場合や購入したい商品を比較する際、見栄えを確認する際に画像検索を使用します。

ショッピングサイトや理美容、デザインに関するウェブサイトを運営している場合には、画像検索からのトラフィックは無視できません。

画像検索経由でトラフィックを獲得しているクエリやページを確認する方法は、本書の第3章のSection 05を確認してください。

08 わかりやすいURL

Googleは内容を推測しやすいシンプルなURL構造を推奨しています。程度は小さいですが、シンプルなURLはランキングとクロールの両方に影響します。

シンプルなURLのメリット

WordPressを使用している場合には、新規にページを作成すると、自動的に番号が割り振られたURLが生成されます。

このままで運営してももちろん大きな問題となることはありませんが、URLのメリットを最大化するには次のようにわかりやすいURLにしておいた方が良いでしょう。

WordPressの場合には、パーマリンクの設定を変更することで任意でURLを設定することができます。

適切な区切り文字

GoogleではURLで文字間を区切る場合には、「_」アンダーバーではなく、「-」ハイフンを推奨しています。「_」を使用した場合にはつながった1つの単語として認識されるようです。

シンプルなURLを作成するメリットは以下のとおりです。

▶ URLを見れば何についての情報が書かれているか判別しやすい
▶ 訪問者に覚えてもらいやすい
▶ サイト運営者として管理しやすい

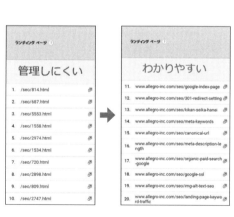

判別しやすい、覚えてもらいやすいということは、メールやSNSで人に教えやすいURLということでもあります。つまりクチコミの発生に関する影響は少なからずあ

るでしょう。

インターネット上で多くの人に共有されたいのであれば、URL構造は複雑なものよりはシンプルな方が好まれます。

URLに日本語のクエリを含めるとSEOで有利？

URLのディレクトリ部分やファイル名の箇所、またはドメイン自体に日本語を使用しているケースではメリットとデメリットがあります。

Googleの過去の発言では、URL内のクエリは、とても小さなランキングファクターであることが明らかになっています。

一方でデメリットもあります。

例えば、次のようなURLを作成したとします。URLのファイル名部分は日本語が使用されています。

```
https://www.allegro-inc.com/seo/XMLサイトマップとは
```

このURLをChromeなどのブラウザでコピーし、メールやFacebookで貼り付けると、次のような形式で文字化けしているかのように表示されます (ピュニコード化)。

```
https://www.allegro-inc.com/seo/XML%E3%82%B5%E3%82%A4%E3%83%88%E3%83%9E%E3%83%83%E3%83%97%E3%81%A8%E3%81%AF
```

これではシンプルなURLとは言えません。メールに貼り付けても、相手からすれば何のページであるか判別できないでしょう。

また、評価で多少優遇される可能性があるとは言え、わざわざ途中から日本語名を含むURLを使用したとしても、労力に見合うほどの成果は見込めません。

それよりはURLの共有のしやすさを重視した方が良いでしょう。

深い階層構図はクローラーによるページの発見が遅れる

URL構造自体がクロール処理に影響することはあります。Googleの「検索エンジン最適化スターターガイド」には、次のように記述されています。

> サブディレクトリを "…/dir1/dir2/dir3/dir4/dir5/dir6/page.html" のような深い階層構造にしない

GoogleはURL階層が深くなるほどそのページは重要ではないと認識し、ページの検知やクロール頻度が低下します。

URL自体でリンクされた際のアンカーテキスト効果

　アンカーテキストリンクに関しては、一般的に以下の2種類の方法で被リンクを受けるケースがあります。

1 文字に対してアンカーテキスト

　詳しくは、わかりやすいURLとは？をご覧ください。

2 URLに対してアンカーテキスト

　詳しくは、以下のページをご覧ください。

　>>わかりやすいURLとは？

　https://www.allegro-inc.com/seo/google-file-name-url

　特に**2**の場合、URL自体にキーワードが含まれますので、アンカーテキストによる効果があると考えられています。以下のようなURLよりは、ユーザーにとっても検索エンジンにとっても親切なURLと言えます。

https://www.allegro-inc.com/seo/001.php

　シンプルなURLには以上のようなメリットがありますが、既に公開しているウェブサイトの場合には、費用や労力をかけてまで行う必要はありません。

　ウェブサイトリニューアル時や、新規ウェブサイトを構築する際にシンプルなURL構造となるように設計しておくと良いでしょう。

そのほかの疑問や注意点

URLの長さに制限はある？

　URLの長さはブラウザで扱える2083文字までです。

以下のようにURLの最後が.html、.htm、.phpのファイル名だった場合に評価に差が生じるか？

https://www.allegro-inc.com/clear-url.html
https://www.allegro-inc.com/clear-url.htm
https://www.allegro-inc.com/clear-url.php

　特に影響はありません。

URLの最後は／（スラッシュ）にするべき？それともファイル名にするべき？

　どちらでも問題ありませんが、／にすればディレクトリを意味し、／が無ければファイル名として扱われます。どちらの場合も別々のURLとして扱われますので注意しましょう。場合によってはcanonical属性を使用して正規URLを指定する必要があります。

第 8 章

ローカルSEO

ローカルビジネスの場合には、通常のSEOとは異なるローカルSEOという施策があります。ローカルSEOは主要な検索エンジンのGoogle、Yahoo!、Bingごとに細かな対応が必要です。本章で詳しく解説します。

01 Googleビジネスプロフィール を活用

Google ビジネスプロフィールに登録すれば、担当しているウェブサイトを見つけてもらう機会が増えます。特に飲食店や歯科、美容室などのローカルビジネスでは、特定の場所でお店を探しているユーザーの来店や問い合わせを増やすことができます。

▤ 特定地域の検索順位改善

　特定の地域内で店舗を探している検索クエリの場合には、検索している端末の位置情報を活用して最適な検索結果が表示されます。

　例えば横浜近辺で「歯科」と検索すれば、横浜近辺の歯科が表示されます。同じ「歯科」でも渋谷で検索すると、渋谷近辺の歯科が表示されます。

　このような地域に関連する検索結果の掲載順位を改善する取り組みを「ローカルSEO」と言います。

　自身の店舗から近いエリアで検索しても検索結果に掲載されていない場合には、Google ビジネスプロフィールへ詳細な企業や店舗、組織などのビジネスに関する情報を登録することで Google 検索や Google マップ上にそれらの情報を掲載することができ、ローカル検索結果に表示される機会を増やすことができます。

　ローカル検索結果の検索順位については次の要素が考慮されているようですので抜粋します。

・*関連性*
　関連性とは、検索語句とローカル ビジネス プロフィールが合致する度合いを指します。充実したビジネス情報を掲載すると、ビジネスについてのより的確な情報が提供されるため、プロフィールと検索語句との関連性を高めることができます。

・*距離*
　距離とは、検索語句で指定された場所から検索結果のビジネス所在地までの距離を指します。検索語句で場所が指定されていない場合は、検索しているユーザーの現在地情報に基づいて距離が計算されます。

・*知名度*
　視認性の高さとは、ビジネスがどれだけ広く知られているかを指します。ビジネスによっては、オフラインでの知名度の方が高いことがありますが、ローカル検

索結果のランキングにはこうした情報が加味されます。たとえば、有名な博物館、ランドマークとなるホテル、有名なブランド名を持つお店などは、ローカル検索結果で上位に表示されやすくなります。

ビジネスについてのウェブ上の情報（リンク、記事、店舗一覧など）も視認性の高さに影響します。Google でのクチコミ数とスコアも、ローカル検索結果のランキングに影響します。クチコミ数が多く評価の高いビジネスは、ランキングが高くなります。ウェブ検索結果での掲載順位も考慮に入れられるため、検索エンジン最適化 (SEO) の手法も適用できます。

（https://support.google.com/business/answer/7091?hl=ja より）

Google ビジネスプロフィールのメリット

検索ユーザーが近くの店や、指定した場所で店舗を探す場合には検索結果に Google マップの情報が表示されます。

右の例のようにビジネスの種類によって、表示形式や掲載される情報は異なります。

また、社名やブランド名で検索された場合に、Google 検索や Google マップ上で店舗住所、電話番号、営業時間、クチコミなどのビジネスに関する情報が表示されます。

店舗が複数ある場合には、店舗数分登録することができます。

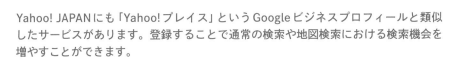

Yahoo! JAPANにも「Yahoo!プレイス」というGoogleビジネスプロフィールと類似したサービスがあります。登録することで通常の検索や地図検索における検索機会を増やすことができます。

Yahoo!プレイス登録のメリット

Yahoo! 検索／Yahoo! MAP／Yahoo! ロコ／Yahoo! BEAUTY など、Yahoo! JAPANの各種サービスでビジネスや施設、店舗の検索機会を増やすことができます。

Yahoo!ロコとは？

飲食店や美容室など様々なお店がネットで予約できる日本最大級の施設情報サイトです。グルメ、レストラン、サロン、ショッピング、レジャーなど多彩な施設の写真、クチコミ、クーポン、衛生対策情報などが閲覧できます

Googleのローカルパックのように地域と関連するクエリを入力した際に、通常の検索結果内に地図とビジネス情報のリストが表示されます。検索クエリに対して関連性の高いビジネス情報が4件まで表示されます。

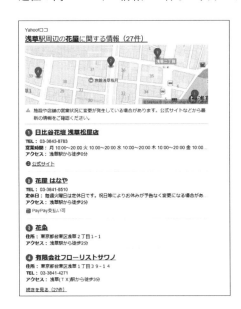

Yahoo! プレイスに登録

以下のURLからYahoo! プレイスに登録することができます。

https://loco.yahoo.co.jp/business/top/

「無料でお申込みする」ボタンをクリックして登録手続きを行いましょう。

Googleビジネスプロフィールと同様に、できる限り詳しい内容を含めてビジネス情報を登録します。

手続きが完了し、登録したビジネス名で検索すると、登録した住所や電話番号、最寄り駅、営業時間、公式サイト、紹介文が検索結果に表示されます。

Bing Places for Business の活用

検索エンジンのBingにもGoogleやYahoo!と類似のサービスとして「Bing Places for Businessの活用」が提供されています。登録することで通常の検索や地図検索における検索機会を増やすことができます。

Bing Places for Businessの活用登録のメリット

Bing Places for Businessに登録することで、Bing検索で地域と関連するクエリを入力した際に、通常の検索結果内に地図とビジネス情報のリストが表示されます。検索クエリに対して関連性の高いビジネス情報が5件まで表示されます。

Bing Places for Businessに登録

以下のURLからBing Places for Businessに登録することができます。

https://www.bingplaces.com/

「新しいユーザー」ボタンをクリックして登録手続きを行いましょう。

Bing Places for Businessの場合はGoogleビジネスプロフィールの情報をインポートすることができます。

情報は管理しやすいように統一させておいた方が良いため、Googleビジネスプロフィールからインポートした情報をもとに、詳細な情報を登録しましょう。

手続きが完了した後に登録したビジネス名で検索すると、登録した住所や電話番号、最寄り駅、営業時間、公式サイト、紹介文が検索結果に表示されます。

ローカルSEOの
被リンク獲得施策

ここではローカルSEOに役立つ被リンクについて解説します。SEOといえば被リンクを思い浮かべる人々も多いかもしれませんが、ローカルSEOの被リンク獲得施策は通常のそれとは少し目的が異なります。

ローカル検索のランキングに影響する視認性の高さとは？

Googleビジネスプロフィールのヘルプを見ると、「視認性の高さ」はランキングに影響する要素であることがわかります。この視認性の高さという表現は少しわかりにくいかもしれません（もともとは知名度と訳されていました）。

ローカル検索結果のランキングが決定される仕組み

ローカル検索結果では、主に関連性、距離、知名度などの要素を組み合わせて最適な検索結果が表示されます。たとえば、違う場所にあるビジネスでも、Google のアルゴリズムに基づいて、近くのビジネスより検索内容に合致していると判断された場合は、上位に表示される場合があります。

関連性	∨
距離	∨
視認性の高さ	∨

https://support.google.com/business/answer/7091?hl=ja

視認性の例としては以下の要素が紹介されています。

▶ 有名な博物館、ランドマークとなるホテル、有名なブランド名を持つお店などは、ローカル検索結果で上位に表示されやすい
▶ ビジネスについてのウェブ上の情報
　・リンク
　・記事
　・ディレクトリ
▶ Google でのクチコミ数とスコア

以上のような要素を管理することで視認性を向上させることができます。

被リンク評価

　ウェブサイトの知名度はローカル検索結果のランキング評価に影響します。知名度を高める具体的な施策は以下のとおりです。

▶ 地元のニュースメディアに取り上げてもらう
　地域での取り組みや研究結果をレポートにまとめ、地元のニュースとして取り上げてもらうために、ローカルメディアの担当者にコンタクトを取る。

▶ 地元の賞やイベントに参加
　ビジネスと関連するイベントがあれば積極的に参加する。

▶ 寄付やチャリティーへの参加
　イベントを企画して参加者を募り、メディアに取り上げてもらう。

▶ ローカルサービスをまとめたディレクトリに登録
　地域のビジネス情報をまとめたウェブサイトにビジネスを登録する。音楽教室やクリニックの場合は、比較的多くこのようなサービスウェブサイトが存在します。プロモーションを行うビジネスにマッチするビジネスカテゴリで類似のサービスが無いか確認しましょう。

　ローカルSEOの被リンク施策をはじめる場合には、競合の被リンクを調査して、競合が登録しているビジネスリスティングや、頻繁に参加しているイベント、メディアを参考にしましょう。

　SE Rankingの被リンクチェッカーを活用することで、競合の被リンク獲得状況を調査できます。結果レポートが表示された後に、左メニューの「参照ドメイン」→「有効」をクリックすると、被リンク参照元のウェブサイトが一覧表示されます。

　このような方法以外にも、多くの人々に共有されるコンテンツを作成することで被リンク獲得につなげることもできます。その場合は、コンテンツにSNSのシェアボタンやソーシャルブックマークボタンを設置するようにしましょう。

Googleビジネスプロフィールの投稿機能

Googleビジネスプロフィールの「投稿」は登録ビジネス名で検索された際に、検索結果のナレッジパネル枠の下部に投稿内容を通知できる機能です。購入意図の強い、意思決定の最終段階の検索ユーザーが見る可能性の高い情報です。

投稿機能の活用方法

ビジネス名(店舗名)で検索された場合に、モバイル検索であれば左のイメージのように検索結果の途中に掲載され、デスクトップ検索の場合は、右のイメージのようにナレッジパネルの下部に表示されます。

モバイル検索の場合　　　　デスクトップ検索の場合

スマホで検索される機会が多い飲食店の場合は活用のイメージが掴みやすいかもしれません。

例えば定食屋の場合には、その日の日替わりランチのメニューと価格、写真を、居酒屋であれば本日のおすすめメニューを掲載します。

ほかの店舗と比較されることも想定して、他店舗よりも魅力的な内容を掲載することで、来店客を増やすことができます。

投稿機能の活用方法

投稿内容を作成するには、Googleビジネスプロフィールにログイン、左メニューの「投稿」をクリックします。

クーポン、最新情報、イベントの3つのタブが用意され、用途に合わせて情報を投稿することができます。

検索結果に掲載される期間は、最新情報の場合は7日間、クーポンとイベントの場合は指定した開始日時と終了日時の間です。

投稿にCTAボタンを設置できるオプションも用意されています。

掲載期間が過ぎると、検索結果上に表示されなくなります。活用できそうなビジネスであれば定期的に更新することをおすすめします。

NAP情報の統一と管理

NAPとはName、Address、Phoneの頭文字をとった言葉です。インターネット上に掲載するビジネス情報のうち名前 (Name)、住所 (Address)、電話番号 (Phone) の情報の形式はできる限り統一してコントロールしましょう。

NAPの表記ゆれを可能な限り減らす

NAPの正確性は検索エンジンの評価だけでなく、実際に検索ユーザーが目的を達成するためにも必要不可欠です。

不完全なビジネス名や、誤った電話番号、住所は検索ユーザーを戸惑わせてしまう事になります。

オンライン上に掲載されている情報が正確であることを確認し、誤りがあれば修正しましょう。

前述のとおり、検索エンジンは「視認性 (Prominence)」をローカル検索順位に影響を与える要素の一つとしています。外部サイトからのリンクや記事、ビジネスディレクトリに掲載されている情報を正確に統一しておくことで、Googleは正しくビジネス情報を認識できるようになります。

NAPに関して、以下の点を注意して管理するようにしましょう。

住所の建物名やハイフン、電話番号のハイフン、スペースの有無、全角、半角についても統一することをおすすめします。

ビジネスの名前 (社名、店舗名)

株式会社あり、なし、平仮名、カタカナ、英文字などの表記を揃えましょう。

株式会社アレグロマーケティング
アレグロマーケティング
Allegro Marketing

住所

　○丁目○番地○、○-○-○、漢数字、英数字、建物名のあり、なしなどの表記を揃えましょう。

　　台東区雷門2-19-17
　　台東区雷門2丁目19番地17
　　台東区雷門2-19-17 浅草雷一ビル4F

電話番号

　番号の区切り文字 (-) やスペースのあり、なしなどの表記を揃えましょう。

ツールでビジネス情報を効率的に管理

　多くの店舗を管理する場合、またはエージェンシーとして多くのクライアントのローカルSEOを管理する場合は、SE RankingのローカルSEOツールを活用すれば、これらの情報を管理し、定期的にチェックすることができます

　SE Rankingにログインして、左メニューの「ローカルマーケティング」を選択し、Googleアカウントと連携することで、NAPのエラーやディレクトリサービスへの登録状況を継続的に監視することができます。

ローカルビジネスの構造化データ

構造化データでマークアップすることでGoogleにビジネスに関連する情報を伝え、クエリに関連するビジネスカルーセル表示の可能性も高まります。少なくともローカルビジネスの構造化データの対応は必須となるでしょう。

ローカルビジネスの構造化データ作成

Google検索セントラルの「ローカルビジネス」のページをもとに「JSON-LD を使用したシンプルなローカル ビジネス リスティングの例」をもとに記述しましょう（https://developers.google.com/search/docs/advanced/structured-data/local-business?hl=ja）。

- ▶ 必須プロパティのaddressとnameは必ず追加し、推奨プロパティも含めます。
- ▶ @typeには以下のページを参考にあなたのビジネスに適したサブタイプを記述します。
  https://schema.org/LocalBusiness#subtypes
- ▶ <head>内にスクリプトを追加しましょう。

構造化データを追加する場合には、HTMLを直接編集するか、CMSの場合にはプラグインを活用しましょう。
コードを追加する前に、リッチリザルトテストで検証します。

リッチリザルトテストで検証する

「リッチリザルトテスト」にアクセスし、「コード」を選択した上で、作成したコードを貼り付けて「コードをテスト」をクリックします。
https://search.google.com/test/rich-results?hl=ja

問題がなければ以下のように表示されます。

ウェブサイト上に反映させた上で、再度「リッチリザルトテスト」で公開後のURL
を指定して問題が無いことを確認します。

公開してから数日後にSearch Consoleの「URL検査ツール」で正しく認識されて
いることを確認しましょう。

クチコミはローカルSEOだけでなく、様々なビジネスにとっても重要な要素で、ターゲット層も信頼できるクチコミを参考にします。ローカルビジネスの場合には、Googleビジネスプロフィールのレビューを活用することで、クチコミを集めることができます。

クチコミ評価はローカル順位に影響する

「クチコミ」はGoogleのローカル検索順位に影響する要素で、クチコミの件数と評価の度合はランキングに強く関連していると言われています。

Googleビジネスプロフィール上でこのクチコミの管理と返信を行うことでビジネスに対する評価や意見を把握して、ビジネス自体の改善につなげることができます。

また、クチコミに対して返信を行うことで、顧客への対応姿勢をほかの利用者に対してアピールすることもできます。

以下の点を考慮してクチコミを管理しましょう。

- ▶ クチコミに重要なクエリが含まれるようにする
- ▶ 評価の低いクチコミに対しても真摯に対応する
  無視せずに状況を伺い、問題解決につながるように対応しましょう。
- ▶ SNSで利用客に対して適切なタイミングでクチコミをお願いする
- ▶ 利用者がクチコミを書きやすいように短縮URLを使ってメールやSNS経由で共有する
- ▶ 顧客の期待が高いビジネスの場合は低評価のクチコミが多く集まる場合もある
- ▶ 低評価のクチコミが一切ない場合は利用者側からすると逆に不自然に思われることもある（自然なクチコミを集めましょう）

以下の方法はクチコミを集めるための一つのアイデアです。

適切なタイミングでクチコミを依頼

例えば、飲食店であれば退店した直後から翌日には来店客にクチコミを依頼したい所です。一方で顧客が満足するまでに時間がかかるサービス（ジムや教室など）の場合は、適切なタイミングを見つける必要があります。

クチコミを依頼する際は先に質問を設定

　検索で重視しているクエリや、サービスに関連するクエリが自然と含まれるように、簡単なアンケート形式の質問を作成しましょう。利用者にとってはアンケート形式の方が自由作文よりもクチコミを書きやすくなります。

短縮URLを使ってクチコミページをメールやSNSで共有する

　利用者がすぐにクチコミを書けるように短縮URLを使用しましょう。

　短縮URLは以下の手順で取得できます。

1 Google ビジネスプロフィールマネージャーにアクセスします。

　https://business.google.com/locations

2 クチコミを集めたいビジネスを選択し、左メニューの「ホーム」をクリックします**①**。

3 「最初のクチコミを
獲得」または「クチ
コミを増やす」内
の「プロフィール
を共有」ボタンを
クリックします**②**。

4 ポップアップ画面から短縮URLを取
得します**③**。

5 利用者は次のような画面が共有され
ます。

あなたのビジネス情報が多くのカタログディレクトリサイト上で掲載されていれば、ローカルSEOのランキング要素の1つとして使用される「視認性（Prominence）」の評価にもプラスに働きます。

ビジネスサイテーションとは？

　サイテーションとは言及や引用のことを意味します。インターネット上では一般的にウェブサイトへのリンクとともにビジネスを紹介しますが、サイテーションには、店舗の全てがウェブサイトを持っているとは限らないため、リンクの無い状態での店舗紹介も評価に含まれます。

　ローカルビジネスの場合には、ディレクトリサービスに掲載することで、ディレクトリサービスからの集客に加えて、ローカル検索での集客も増える可能性があります。

有名なビジネスディレクトリサービス

　世界中で利用されるビジネスリスティングとしてはYelpが有名です。世界中のローカルビジネスを掲載しています。

https://www.yelp.co.jp/

ほかにも以下のようなビジネスディレクトリサービスが利用できます。

▶ iタウンページ
▶ gooタウンページ
▶ エキテン
▶ NAVITIME

ビジネスリスティングに登録する場合にはNAP情報は統一し、できるだけ詳しい情報を提供しましょう。

地元のビジネスディレクトリサービスを探す

紹介してきたサービス以外にも、独自のディレクトリサービスが提供されていることもあります。このようなサービスの存在を調べる方法は以下のとおりです。

ターゲット層が検索しそうなビジネス名を含むクエリで検索してみる

例えば、「ピアノ教室」で検索すると、全国のピアノ教室をまとめたディレクトリサービスから地域周辺の複数の教室のリストが掲載されています。

競合の被リンク状況から見つける

競合サイトの被リンクを調べることで、利用しているディレクトリサービスを確認して、自身のビジネスも登録することができます。

SE Rankingの被リンクチェッカーを使用して、調べましょう。

SEOチェッカー

SE Rankingにもコンテンツライティングに便利なページSEOチェッカーというツールがあります。執筆時点ではまだベータテスト中でリリースされていませんが、SE RankingでははじめてAIを搭載したツールとなることでしょう。

サイトSEO検査ツールはウェブサイト全体のページをチェックして問題点を検知する一方で、このツールは特定のキーワードに対するページの最適化度合いを80項目の指標で分析してスコアリングします。

各指標や使用されている単語に関して、上位の競合サイトと比較することもできるため、クエリごとの上位掲載されているコンテンツの傾向を素早く把握することができます。

検知された問題点は詳しい説明とともにタスクリストに追加され、優先度にもとづいて修正していくことができます。順位がなかなか向上しないような既存コンテンツに対して活用することで、施策に関するヒントを得られるかもしれません。

第 **9** 章

テクニカルなSEO

SEOでは、検索エンジンのインデックスやクロール処理、ユーザー体験に関して技術的な対応が必要となる項目も存在します。
自身で対応できない場合には、技術的な対応が可能な外部パートナーやスタッフに依頼して修正しましょう。

重要なページの
インデックスを促進する

Googleは被リンクをもとに新たにページを見つけ、ページ内の情報を取得しますが、
サイトマップファイルがあれば、それも参考にして効率的にクロールします。

サイトマップの役割

「公開したてのウェブサイト」「規模の大きなウェブサイト」「複雑なリンク階層構造を持つウェブサイト」では、サイトマップを作成しましょう。

コンテンツ作成後や既存コンテンツの更新後に素早く検索結果に掲載させるためにはXMLサイトマップも定期的に更新します。

サイトマップファイルは通常「sitemap.xml」というファイルを作成し、以下のような書式でページについての情報を記述します。

```
1  <?xml version='1.0' encoding='UTF-8'?>
2  <urlset xmlns="http://www.sitemaps.org/schemas/sitemap/0.9">
3  <url>
4  <loc>http://www.example.com</loc>
5  <lastmod>2017-04-04</lastmod>
6  <changefreq>monthly</changefreq>
7  <priority>0.6</priority>
8  </url>
9  </urlset>
```

sitemaps.orgの定義では、XMLサイトマップでは以下のような記述ルールとなります。

❶1行目2行目は決まりのようなものです。xmlのバージョンと文書内で使用している文字コードUTF8を宣言し、XMLのバージョンは1.0を指定します。
xmlnes=""の中には現在のプロトコル標準を参照します。

❷3行目の<url>も必須タグです。
このタグの中に4行目以降で使用するloc (URL)、lastmod (最終更新日)、changefreq (更新頻度)、priority (優先度) を指定します。

❸4行目の<loc>も必須タグで、ページのURLを記述します (上限値2,048 文字)。
http/httpsなどのプロトコルからはじめた絶対パスで記述し、wwwあり、なしも

統一しておきましょう。

❹ 5行目の<lastmod>は任意の設定項目ですが、正確に最終更新日を記述するとクロールの優先度が高くなります。この日付は W3C Datetime形式で記述します。必要な場合は、時刻の部分を省略して YYYY-MM-DD の形式で記述することもできます。

❺ 6行目の<changefreq>も任意の設定項目で更新頻度を意味しますが、Googleの場合は無視するようです。

❼ 7行目の<priority>も任意の設定項目です。クロールの優先度を意味し順位には影響しません。Googleの場合は無視します。

このほか、サイトマップには画像や動画ファイルの情報なども含めることができます。詳しい記述方法については、sitemaps.org (https://www.sitemaps.org/ja/protocol.html) でご確認ください。

ページに変更があった場合には都度サイトマップも更新していきます。

毎回手書きで記述すると手間がかかりますのでXMLサイトマップ作成ツールやCMSならプラグインを活用することをおすすめします。

生成された sitemap.xmlは、FTP接続でウェブサイトのトップページと同じ階層にアップロードしましょう。

次に Search Console にログインして、左メニューの「サイトマップ」にアクセスし、アップロード先URLを送信します。

WordPressのようなCMSの場合には、RSS/AtomフィードのURLも提供されています。作成した sitemap.xmlに加えてフィードのURLも追加しましょう。

XMLサイトマップとRSS/Atomフィード

XMLサイトマップに関しては検索エンジンに対してウェブサイトの全体像を把握してもらう目的で使用し、RSS/Atomフィードはウェブサイトの更新されたページの情報のみを素早く伝えます。

XMLサイトマップとRSS/Atomフィードを比較すると次のような特徴があります。

- ▶ XMLサイトマップは通常大きい。一方でRSS/Atomフィードは小さく、あなたのウェブサイトで最近更新したページだけを含める。
- ▶ XMLサイトマップは、RSS/Atomフィードよりもダウンロードされる頻度は少ない。

検索エンジンはGoogleのほかにもYahoo!JAPANやBingなどもありますが、Yahoo!JAPANはGoogleのエンジンを採用しているため、特に追加で設定する必要はありません。

Bingについては、「Bing web マスター ツール」で同様の設定を行いましょう。

http://www.bing.com/toolbox/webmaster/

ページが更新されたり、追加されたりする際には、アップロードしたサイトマップファイルも更新しますが、ここで行った登録作業は一度行えば十分です。

必ずしも全てのページを含める必要は無い

XMLサイトマップに全てのページを含めることで、Googleはウェブサイトの全体像を把握できます。しかし大規模なウェブサイトの場合には、全体像を把握できても重要なページに対して適切にクロールバジェットが割り振られるとは限りません。

数十万ページ以上の大規模なウェブサイトの場合には、次の方法で優先度に応じてクローラーの巡回頻度をコントロールすることができます。

- ▶ 重要なページ群をまとめたサイトマップファイルを作成する
  （※サイトマップに含まれていないページはGoogleの判断にまかせます）
- ▶ 更新頻度の高いページや新規ページをまとめたサイトマップを分割して作成する

クロールバジェットを
重要なページへ割り当てる

robots.txtはクローラーの巡回を制御するためのファイルです。使い方については、誤った解釈が広まっていますが、そもそも検索結果に表示させないために設定するファイルではありません。ここでは本来の役割について解説します。

robots.txtとは

robots.txtはウェブサイトのトップページと同じディレクトリにアップロードします。テキストファイルの中身は以下のように記述します。

```
User-agent: *
Disallow: /app/
Allow: /app/module/webproduct/goto/
Allow: /app/download/
Sitemap: https://example.jimdo.com/sitemap.xml
```

User-agent:

ここに対象の検索エンジンのクローラーを指定します。*（アスタリスク）は全てのクローラーという意味です。

Disallow:

Disallowは、指定したURLへの巡回をブロックします。

Allow:

Allowは、指定したURLへの巡回を許可します。この例では、/app/以下のURLのうち/app/module/webproduct/goto/ と /app/download/への巡回は許可し、それ以外の場所への巡回をブロックしています。

Sitemap:

XMLサイトマップの場所をクローラーに伝えます。

robots.txtの誤った使い方

クローラーの巡回をブロックするということは、検索結果に表示させないことと同

義と思われがちですが、厳密には異なります。

例えば、一度インデックスされたページに対して、その後robots.txtで巡回をブロックしたとします。そうすると、その後ページを削除しても検索結果上から削除されることはありません。

なぜかと言えば、削除したページへの巡回自体をブロックしているため、クローラーからすればそのページの状態を判断することができないからです。

また、robots.txtで巡回をブロックしたとしても、他のウェブサイトのリンクを辿ってきたクローラーを完全にブロックすることはできません。

検索結果に表示させたくない場合には、noindexタグやパスワード保護を設定する方が適しています。

robots.txtで巡回をブロックするケース

Googleはウェブサイトの状態に応じて次回クロール時のリソースを割り当てます。これを一般的にはクロールバジェットと呼び、ウェブサイトに応じて適切な速度と頻度で巡回します。

例えばサーバーの応答が素早ければ、同時接続数が増え、クロール速度が上がります。ほかにも人気のあるウェブサイトや、情報の鮮度によって、巡回の頻度も変わります。

数千ページ程度のURLを持つウェブサイトであっても、Googleは適切にクロール処理できる能力を持っています。ほとんどの場合においてはクローラーの速度や頻度を気にする必要はありません。

しかし、中にはrobots.txtを設定した方が良いケースもあります。

robots.txtを使う理由としては、次のようなものが一般的です。

ショッピングカートなど無限に生成されるURLの影響で、
インデックスさせたいページの発見が遅れてしまう

クローラーは1回でウェブサイト内の全ページを巡回するわけではありません。そのため、ショッピングカート内の決済プロセスでページのURLが毎回異なるものや、CMSのカレンダー機能により無限にページが生成されてしまうと、そちらにリソースが割かれてしまいます。

例えば購入プロセスごとに異なるパラメータでURLが生成される仕組みのショッピングカートもあります。

```
https://www.allegro-inc.com/cart/?transactionid=d80a11bdbf208af88c2d5899e2a86a
f65c325548&mode=cart&product_id=2&product_class_id=10&quantity=1
```

```
https://www.allegro-inc.com/cart/?transactionid=3f3c00be9f7297b20faf03a8a3431a
b2f63f13b0&mode=cart&product_id=8&product_class_id=28&quantity=1
```

　Googleのクローラーはウェブサイトの傾向を把握して、リソースを浪費しないように処理しますが、すぐには正常に判断できない場合もあります。その場合、商品数が多ければ、生成されるURLも増えてしまうため、結果的に本来巡回して欲しいページの発見が遅れてしまうかもしれません。

　このような場合には、巡回する必要の無いディレクトリやURLのパターンを記述して、巡回をブロックすることで、本来巡回して欲しいページへリソースを割り当てることができます。

　上記のURLの場合を例にすれば、/cart/以下のURLを巡回しないように、次のようにrobots.txtに記述します。

```
User-agent: *
Disallow: /cart/
```

様々な種類のクローラーの巡回により、サーバーへの負荷が高くなっている

　クローラーはGoogle以外にもBingや海外検索エンジンのクローラーなどもあります。ほかにも過去のウェブサイトをそのままアーカイブとして収集するウェブサービスのクローラーもあります。

　このようにたくさんのクローラーが処理能力の低いウェブサイトを同時に巡回すると、サーバー負荷が一時的に増大します。ウェブサイトの表示に時間がかかってしまうなどの深刻な影響が出る場合もあります。

　このような場合は、サーバー負荷に影響しそうなクローラーをブロックすることで、サーバー負荷を軽減することができます。この場合はGooglebotを誤ってブロックしないように注意してください。

　例えばarchive.orgのクローラーであるia-archiverの巡回をブロックするのであれば、次のように記述します。

```
User-agent: ia_archiver
Disallow: /
```

MEMO

> archive.orgはインターネットアーカイブを提供しています。特定のウェブサイトのURLを入力すると、履歴とともに過去のページに記載されていた内容を確認することができます。

URLの正規化方法

URLの正規化には、canonical属性か301リダイレクトを使用します。これらはそれぞれ特徴があり、用途が異なります。ここではcanonical属性を指定した場合と301リダイレクトを指定した場合の違いについて説明していきます。

canonical属性と301の効果の違い

訪問者からすれば、canonical属性の場合にはどのページが正規URLであるかはわかりません。301の場合は転送されたことに気が付かないことが多いでしょう。

どちらもソースコードやHTTPヘッダー、レスポンスコードを見れば状況を把握できますが、通常の訪問者はそこまで行いません。

どちらの場合も設定が適切であれば、Googleは正規URLに評価を統合します。

担当しているウェブサイトで正規化を行う場合には、両方使用することをおすすめします。https/httpやwww、スラッシュ(/)の有無による評価分散を防ぐために301リダイレクトを使用し、外部からのパラメータ付のリンクによる評価分散を防ぐためにcanonical属性を使用しましょう。

URL内の/（スラッシュ）の有無による認識の違い

GoogleのJohn Muller氏のコメントでは、/（スラッシュ）の有無や位置によってGoogleに認識の違いが生じるようです。

❶ http://www.example.com/
❷ http://www.example.com
❸ https://www.example.com/
❹ https://www.example.com
❺ https://example.com/
❻ https://example.com/fish
❼ https://example.com/fish/

❶と❷、❸と❹のようなホスト名の後のスラッシュの有無で問題は生じないようです。つまり❶と❷は同じ、❸と❹は同じと認識されます。

一方でホスト名とプロトコルでは、異なるURLとして扱われます。つまり❶と❸

は異なり、❷と❹も異なるため、別のURLとして認識されます。

　パス/ファイル上のスラッシュの扱いも同様に別のURLとして認識されます。つまり❻と❼は別のURLとして認識されます。

canonical属性の使い方

　canonical属性を使用した正規URLの指定方法は以下の2パターンあります。
- ▶ HTMLのheadタグ内に記述する方法
- ▶ HTTPヘッダーで指定する方法

　前者は最も一般的な方法です。後者の方法は例えばPDFファイルなど、前者の方法で指定できない場合、代わりにHTTPヘッダーでcanonical属性を指定することができます。

　canonical属性を指定するケースとして例をいくつかご紹介します。
　いくつかのパターンでユーザー行動を分析するABテストを実施する場合には、canonical属性で検索結果に表示させたい正規ページを指定することで検索エンジン評価の分散を防ぐことができます。

　また、例えばECサイトの場合に多い例としては、同じ商品の色違いのバージョンのページ（赤、青、黄、ピンク、黒など）が複数あり、これらの商品をまとめたページを正規ページとして検索結果に表示させたい場合には、同様にcanonical属性を指定することもあります。

　外部ウェブサイトに内容の重複するカタログページを掲載する際にも、canonical属性を指定して評価を統合することができます。Googleはドメインをまたいだ正規化にも対応しています。

　このほか、外部サイトからのリンクによって、www有り無し、http/https、/の有り無しなど様々なバリエーションでリンクが張られてしまうこともあります。
　このようにコントロール不可能な被リンク評価に対してもcanonical属性で評価を統合することができます。

301リダイレクトの使い方
　最も多い例としてはウェブサイトの移転です。古いドメインの全てのURLに対して、

新しいドメインの全てのURLに301リダイレクトを設定します。Search Console の「アドレス変更」も使用しましょう。

> 301リダイレクトの設定は少なくとも1年、できる限り長く保持しましょう。

このようにすることで、旧ドメインにアクセスしてきた訪問者をシームレスに新ドメインの該当するURLへ転送することができます。

また、旧ドメインのページランク評価を失うことなく新ドメインへ引き継ぐことができます。

ウェブサイトリニューアル時のよくある失敗

ドメイン移転を含むサイトリニューアルに関して301リダイレクトの設定を行わずに、多くの検索トラフィックを失ってしまっているウェブサイトを見かけます。

> サイト移転の際にURLの構成が変更される場合には、ページ個別にリダイレクトを設定します。サブドメインも忘れないようにしましょう。
> サイトマップも新サイトに合わせて変更します。

エージェンシーや企業の担当者は、特に注意しておいた方が良いでしょう。

このほか、2つのページを1つのページに統合する際にも、301リダイレクトを使用することがあります。

例えば、ブログ開設時に多くの記事を作成した結果、似たような記事が増えてしまい、最終的に記事を統合していく際には、この手法は活用できます。

リダイレクトはAからB、BからCと連鎖させることもできますが、Googleの場合は評価の受け渡しは10回の連鎖までとなっています。

> 301リダイレクトと似たような働きをする302リダイレクトという設定もあります。
> 301は恒久的な転送を意味し、302は一時的に転送し、後日転送を解除するといった意味を持ちます。
> Googleは長期間302リダイレクトが設定されていることを認識した場合には、301と同様の処理を行います。

モバイルフレンドリーな ウェブサイト

ウェブサイトのモバイル対応は必須のSEO項目です。モバイルファーストインデックスに切り替わって以降、Googleはモバイルサイトをメインに評価するようになり、モバイル検索結果のパフォーマンスが重要視されるようになっています。

モバイルサイトを実装する3つの方法

Googleはモバイルフレンドリーなウェブサイトを構築する場合の方法としてレスポンシブウェブデザインを推奨しています。

当初は「動的な配信」と「別々のURL」の手法もオプションとして提示されていましたが、この2つの方法は現在では対応や管理が複雑であることがわかっています。

設定	URL の変更なし	HTML の変更なし
レスポンシブ ウェブデザイン	○	○
動的な配信	○	×
別々の URL	×	×

対応に手間がかかるという事はSEOのコストも上がり、場合によってはSEOに制限が増える事もあり得ますので、可能であればレスポンシブウェブデザインを採用しましょう。

モバイル対応をチェックする場合には、「モバイル フレンドリーテスト」を使用しましょう。ただし、モバイルフレンドリーの条件のうち「インタースティシャル広告」表示に関してはツールでは検知できませんのでご注意ください。

インタースティシャル広告とは？

インタースティシャル広告は、ウェブページを表示した直後やしばらく後に、ポップアップやバナーでコンテンツの一部を覆うように表示される広告の事を意味します。

ウェブサイト運営者からすると目的を達成する上でこのような手法は効果的なケースもありますが、一般の訪問者からすると、目的のコンテンツに直ちにアクセスできないため煩わしく感じます。

実際にGoogleのユーザー体験調査では、インタースティシャルはユーザー行動の

妨げになっていることがわかっています。

そのため、2017年1月に、Googleはモバイル検索において煩わしいインタースティシャルが表示されるページの評価を下げました。

そして、2022年のページエクスペリエンスアップデートの際にデスクトップ検索においても同様に減点要因に追加されています。

MEMO

参考URL　https://developers.google.com/search/blog/2016/08/helping-users-easily-access-content-on?hl=ja

モバイルフレンドリーテストに合格しているか確認する

Googleのモバイルフレンドリーの基準にパスしているかどうか確認する事ができます。

操作の手順は次のとおりです。以下のURLでチェックすることができます。

https://search.google.com/test/mobile-friendly

確認したい重要なページのURLを入力して、「テストを実行」ボタンをクリックします。

　問題が無ければ、「このページはモバイル フレンドリーです」と表示され、Googleは、モバイルフレンドリーなページと認識します。

　問題があった場合には、「このページはモバイル フレンドリーではありません」と表示されます。

　問題点も同時に表示されるため、該当する箇所の設定を見直しましょう。

「モバイルフレンドリーテスト」のエラー項目はSearch Consoleの「モバイル ユーザビリティ」で表示される項目と同等です。

　問題となる箇所を修正した後に、再度チェックして「このページはモバイル フレンドリーです」と表示されることを確認します。

　ページ数が膨大にある場合は、優先度の高いページのチェックは「モバイルフレンドリーテスト」で行い、ウェブサイト全体のページに関しては、数週間後にSearch Consoleのモバイルユーザビリティでエラーが検出されていないことを確認しましょう。

ウェブページ公開後に、突然Search Consoleからモバイルフレンドリーに関するエラーが通知されることがあります。
Googleの説明では、モバイルフレンドリーテストの結果を信用して問題ないようです。
モバイルフレンドリーテストで再度チェックして問題が無ければ、Search Consoleのエラーも自然に解決します。

ユーザー体験項目の改善

2021年6月にGoogleはモバイル検索のみに影響するページエクスペリエンス アップデートを開始し2021年9月に完了しています。そして2022年2月にはデスクトップ検索も対象にしたアップデートを実施しています。

ページエクスペリエンス アップデートのランキング要素

- ▶ コアウェブバイタル（ウェブに関する主な指標）
- ▶ モバイルユーザビリティ
- ▶ HTTPS
- ▶ 煩わしいインタースティシャル広告

コアウェブバイタルとは？

ユーザー体験を改善するために必要とされる指標のうち、Googleが最も重要と位置づけているLCP、FID、CLSの3つの指標を意味します。

指標は、Google botが収集したデータをもとにしておらず、CrUX (Chrome User Experience Report) という実際に訪問したユーザーとそのユーザー行動をもとにページ単位で集計されたフィールドデータをもとにしています。

コアウェブバイタルのフィールドデータを持たないページの場合には、サイト内のほかのページのフィールドデータを基準にして評価されます。CrUXのデータ収集には28日間かかるようです。

コアウェブバイタルの指標は直帰やそのほかのユーザー行動にも大きく影響します。具体的には、基準を満たすウェブサイトの場合、ユーザーのページ読み込み放棄率（コンテンツが描画される前にページを去る）が24%低くなります。

ニュースサイトの場合はページ読み込み放棄率が22%低くなり、ショッピングサイトの場合は、ページ読み込み放棄率が24%低くなるという調査結果が出ています。

参考URL ● The Science Behind Web Vitals
https://blog.chromium.org/2020/05/the-science-behind-web-vitals.html

LCP、FID、CLSの3つの指標の説明については「Search Console ヘルプ」の「ウェブに関する主な指標レポート」のページの内容を引用します (https://support.google.com/webmasters/answer/9205520?hl=ja)。

LCP(Largest Contentful Paint) とは?

ユーザーが URL をリクエストしてから、ビューポートに表示される最大のコンテンツ要素がレンダリングされるまでの時間。通常、最大の要素となるのは、画像、動画、大きなブロックレベルのテキスト要素です。URL が実際に読み込まれていることが読み手にわかるという点で、この指標は重要です。

FID(初回入力遅延) とは?

ユーザーが最初にページを操作したとき (リンクのクリックやボタンのタップなど)から、ブラウザがその操作に応答するまでの時間です。この測定値は、ユーザーが最初にクリックした任意のインタラクティブ要素から取得されます。ページがインタラクティブになるまでの時間を示すこの指標は、ユーザーが操作を行う必要があるページで重要です。

CLS(Cumulative Layout Shift) とは?

CLS は、ページのライフスパン全体で発生した予期せぬレイアウト シフトを対象として、個々のレイアウト シフトの合計スコアを測定します。スコアは 0 から正数の間で変動します。0 の場合はレイアウト シフトがなかったことを示し、数値が大きいほど、ページ上のレイアウト シフトが大きかったことを示します。この指標が重要なのは、ユーザーが操作しようとしたときにページ要素が移動すると、ユーザーエクスペリエンスが低下するためです。数値が高い理由を見つけられない場合は、ページを操作してみて、実際の挙動がスコアにどのように影響しているかを確認してください。

各指標を修正した場合は、Search Consoleの「ウェブに関する主な指標」から「不良」または「改善が必要」タブをクリックして、詳細から該当する項目を選択して「修正を検証」をクリックしましょう。CrUXデータのデータが蓄積されるまで28日間かかりますので、修正してもすぐには反映されないということを理解しておきましょう。

適切なレスポンスコードに修正

ブラウザがページ表示をリクエストすると、ウェブサーバーがステータスコードを返します。Googleのクローラーはhttpステータスコードに応じて異なる処理を行います。SEOに関しても影響する要素となります。

ステータスコード別Googleの処理の違い

例えば301であれば、ページが移転したことを意味するので、過去の評価 (全てではありませんが) を移転先のページへ流します。

404はブラウザやGoogleボットにページが見つからないことを伝えます。

ページがなくなったり、サイト構築に失敗したり、ウェブサイトがサーバーダウンしてしまったり、Googleボットや訪問者をブロックしてしまったりなどウェブサイトの担当者にとって予測できないトラブルに直面する事がありますが、Googleのクロールチームはこれらのことを柔軟に対処できるように考えて設計しているようです。

右ページの表を参考にした上で、適切なステータスコードを返していることを確認しましょう。

SE Rankingのサイト SEO検査を使用して、「クロール済みページ」を確認すれば、全てのページのステータスコードを一覧で取得できます。

URL (139)	参照ページ	問題点	URLプロトコル	ステータスコード ⌄	ROBOTS.TXTによる ブロック
https://www.allegro-inc.com/404	0	1 ▲ 1	HTTPS	404	⊖
https://www.allegro-inc.com/seo/3424.html	1	1 ▲ 1	HTTPS	404	⊖
https://www.allegro-inc.com/author/allegroseoadmin/	71	2 ▲ 2	HTTPS	302	⊖
https://www.allegro-inc.com/seo/outbounk-link	1	1 ▲ 1	HTTPS	301	⊖
https://www.allegro-inc.com/seo/google-crawl-cache-index	3	1 ▲ 1	HTTPS	301	⊖
https://www.allegro-inc.com/seo/search-keywords	2	1 ▲ 1	HTTPS	301	⊖
https://www.allegro-inc.com/seo/link-building-SEO	6	1 ▲ 1	HTTPS	301	⊖
https://www.allegro-inc.com/seo/rich-snipet-schema-markup	1	1 ▲ 1	HTTPS	301	⊖
https://www.allegro-inc.com/seo/landing-page-keyword-traffic	3	1 ▲ 1	HTTPS	301	⊖
https://www.allegro-inc.com/seo/google-penguin-update	3	1 ▲ 1	HTTPS	301	⊖
https://www.allegro-inc.com/seo/google-index-page	1	1 ▲ 1	HTTPS	301	⊖
https://www.allegro-inc.com/seo/hreflang	1	1 ▲ 1	HTTPS	301	⊖
https://www.allegro-inc.com/seo/nofollow-pagerank	4	1 ▲ 1	HTTPS	301	⊖

コード	コードの意味	Googleの処理
200	正常を意味する	正常に処理
201	作成を意味する	正常に処理
202	受け入れたことを意味する	一時的な保留後にインデックス処理
204	コンテンツが無いことを示す	コンテンツが無いと認識
301	恒久的な転送を意味する	ページランクを転送先ページへ引き継ぐ
302	一時的な転送を意味する	301よりは弱いシグナルとみなされる。長期に設定されていれば301同様に扱う
303	他を参照	302同様の処理
304	コンテンツが前回のクロール時と同じであることを意味する	インデックス登録パイプラインはURLのシグナルを再計算する場合があるが、再計算しない場合、ステータス コードはインデックス登録に影響しない
307	302と同じ	302同様の処理
308	リクエストされたリソースがLocationヘッダーで示されたURLへ完全に移動したことを意味する	301同様の処理
401	アクセス時の認証エラーを意味する	404同様。特にクロールレートには影響しない
403	閲覧禁止を意味する	404同様。特にクロールレートには影響しない。このコードでもインデックスからは消えるようだが、通常どおり404を使用することをすすめている
404	ページが見つからないことを意味する	Googleが404のページを見つけた場合、そのページの情報はクロールシステム上で24時間保護する。一時的な404を表示しているだけかもしれないし、ウェブサイト担当者が意図したものではない可能性もあるため
410	ページがなくなり、永久にページが戻ってこないことを意味する	Googleが410のページを見つけた場合、ウェブサイト担当者が意図的にそのページの削除処理を行ったととらえて直ちにクロールシステムに通知する
502	不正なゲートウェイを意味する	ページが一時的に利用できない場合に、503の代わりに使用しないこと
503	一時的にサービスが利用できないことを意味する	Googleに対しては現在のページコンテンツを無視して、後でまたページを訪れるように伝える。トップページや重要なページを一時的に削除、リダイレクト、置き換えを行う場合には、何もレスポンスコードを返さなければそのままGoogleにインデックスされる。場合によってはウェブサイトの検索トラフィックにも悪影響を及ぼすため、このような場合には503を指定しておくと良いとのこと

ページ表示速度の改善

ページの読み込み速度は、Googleが検索順位を決定付ける指標の一つとされていて、現在ではコアウェブバイタルの要素に組み込まれています。ページの読み込み時間を短縮することは、順位だけでなく、ユーザーの利便性向上にもつながります。

ページの表示が速い場合のメリット

ユーザー行動に直接影響する

　一般的には読み込み時間が増加することで、離脱やコンバージョン低下につながると言われています。

　さらに、think with Googleの調査データによると、モバイルページの表示時間が1秒から3秒になると直帰率が32%増え、1秒から5秒では直帰率が90%になるそうです。

(https://www.thinkwithgoogle.com/marketing-strategies/app-and-mobile/mobile-page-speed-new-industry-benchmarks/　より)

　ユーザー行動に影響するということは、最終的にランキングにも影響します。

Googleがより多くのページをクロールする

　Google botにとってサーバーのレスポンスは速い方が良いとされます。Google botが速くクロールできれば、クロールされるページ数も増えるようです。

　ページ表示速度は、コアウェブバイタルが登場する以前からランキングファクターとして使用されていました。

実際に読み込み速度をテスト

　ページ表示速度の改善には、Googleが提供するPageSpeed Insightsを活用すると便利です。

https://pagespeed.web.dev/

　PageSpeed Insights (PSI) は、Googleが社内のWebサイトの表示速度向上のために使用していたツールです。

ネイティブ Lazy-load

ページの表示速度改善のために画像やiframeに対して loading="lazy" 属性を使用し、スクリーン上で表示されていない画像の遅延読み込みを設定することができます。

img

```
<img src=" 画像のURL" alt=" 画像の名前" loading="lazy" width=" ○" height=" ○" />
```

iframe

```
<iframe loading="lazy" title="○" width="○" height="○" src="youtube動画のURL"
frameborder="0" allow="accelerometer; autoplay; clipboard-write; encrypted-
media; gyroscope; picture-in-picture" allowfullscreen=""></iframe>
```

ネイティブLazy-loadは、Chromeや一部のブラウザでサポートされ、Googleボットもサポートしています。SEOに効果的で、Chromeユーザーの利便性も向上します。また、ウェブ標準の属性となるため、今後はほとんどのブラウザでサポートされることになるでしょう。ブラウザの対応状況は以下のページで確認できます。

Lazy loading via attribute for images & iframes

https://caniuse.com/?search=lazy

ブログで記事を作成していく中で、リンク階層を意識しなかった場合、長期的には過去の記事はブログの深い階層に埋もれていきます。過去に評価されていた古い記事も時間が経過するごとに人目につかなくなっていき、検索トラフィックも減っていきます。

リンク階層とは？

リンクの階層構造はURLの階層構造と似ています。URLはサブディレクトリで階層構造が作られます。

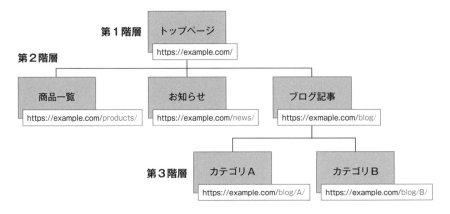

リンクの階層構造とは、トップからリンクをたどって目的のページに到達するまでの階層構造を意味します。

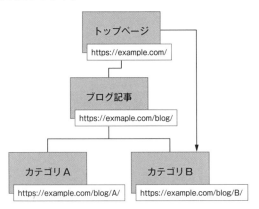

頻繁に見られるページや重要なページがトップページから何回もクリックしなければならないようであれば、訪問者にとっては見つけにくく、使いやすいウェブサイトとは言えません。

不要なリンクが多すぎて訪問者が目的のページへのリンクを見つけることができない場合も同様です。

重要なページや頻繁に見られるページはトップページから1〜2クリックでたどり着けるようにしましょう。訪問者にとって使いやすいリンク階層にすることは、SEOにおいても以下のようなメリットがあります。

トップからのリンク階層が浅ければ、相対的にページランクが高まる

ページランクが相対的に高いということは、そのページへの評価も高くなるということです。通常トップページは、ウェブサイト上の全てのページからのリンクが集まります。ページランクが相対的に最も高いページはトップページであると言えます。

逆にトップページから何回もクリックしなければたどり着けないページはページランクが相対的に低いと言えるでしょう。

もし重要なページが深いリンク階層に位置している場合には、トップページからのリンクを設置することで、設置前よりページランクを高めることができます。

ただし、次のような点で注意が必要です。

全てのページのページランクを高めようとして、無理やり全てのページへのリンクをトップページに設置したとしても意味がありません。もしそのようなリンクを設置したとしても、それは単純に全てのページへバランス良く、ページランクが薄く配分されるだけです。

ユーザー目線で考えても、トップページから数百のリンクがあったとすれば、目的のページへのリンクを見つけるだけで一苦労です。使いやすいウェブサイトとは言えないでしょう。

ユーザー目線で重要なページへは浅いリンク階層でたどり着けるように利便性を考慮しましょう。

浅いリンク階層のページはクローラーにも発見されやすい

クローラーはリンクやサイトマップを辿って巡回します。これはサイト内の被リンクにおいても同様です。

頻繁に情報を更新するページや、重要なページはトップページから浅いリンク階層にしておくことで、クローラーに見つけてもらいやすくなり、ページが更新されたことを検索エンジンに素早く認識してもらえるようになります。

構造化データを使用することで、検索エンジンのコンテンツに対する理解を手助けし、検索結果上でリッチリザルトが表示される機会が増えます。ここでは構造化データの活用方法を解説します。

リッチリザルトと構造化データ

リッチリザルトとは？

　リッチリザルトとは、Googleの検索結果に表示されるスニペットを拡張したものです。一般的なオーガニック検索スニペットよりも多くの情報を提供することができます。ページ上に構造化データをマークアップすることで、リッチリザルトが表示されるようになります。

構造化データとは？

　構造化データとは、検索エンジン向けにコンテンツを分類し、ページの意図をより正確に理解してもらうために標準化されたデータ形式です。例えばレシピであれば、カロリーや材料、時間のデータ、レビューであれば評価、商品であれば価格などのデータを特殊なタグでマークアップします。

検索結果のリッチリザルト表示例

日付情報

内部SEO施策（内部対策）と外部SEOとは？ 用語の意味と評価 ...
https://www.allegro-inc.com/**seo**/内部SEO施策（**内部対策**） ▾
2015/10/05 - seo内部施策（**内部SEO対策**）とは、検索エンジン上位表示の為にサイトの内部構造を各検索エンジン用に最適化する作業の事を言います。

パンくずリスト

https://www.allegro-inc.com › seo › xml-sitemap ▾
XMLサイトマップの作成・更新手順を解説 - アレグロ ...
XMLサイトマップとは、ウェブサイト内の各ページのURLや優先度、最終更新日、更新頻度などを記述したXML形式のファイルです。検索エンジンは**XMLサイトマップ**に記述され ...

XMLサイトマップとは？　　　　　　　　　　　　　　　　　　　　ⅴ

XMLサイトマップにはどのような効果がある？　　　　　　　　　　ⅴ

価格

https://www.allegro-inc.com › realnarrators ▾
研修動画用ナレーション作成ソフト PowerPoint音声読み上げ
RealNarrators 3はパワーポイント(PowerPoint)を合成音声で読み上げ、スライドショー等の動
画用コンテンツを作成するソフトウェアです ナレーターのキャスティングや ...
￥327,800〜￥877,800

FAQ

https://www.allegro-inc.com › seo › keyword-research-... ▾
キーワードサジェストツールを使ったキーワード選定から成果 ...
キーワード毎のSERP傾向も調査するのがポイント — そして検索意図を理解する為に実際にそ
のキーワードで上位表示されているコンテンツを見て分析する事も重要 ...

アルファベットの大文字・小文字の違いでキーワード順位は異なる？　　　　　　⌄

アルファベットや片仮名の全角・半角の違いでキーワード順位は異なる？　　　　⌃

確認する限りでは、差が出る事はほとんどないでしょう。

ハウツー

https://www.allegro-inc.com › seo › featured-snippets ▾
強調スニペットのメリットと設定方法 - アレグロマーケティング
6 ステップ · 7 日
1. SE Rankingではクレジットカード登録不要で2週間無料のトライアルが利用できます。
2. 次に調査対象のプロジェクトを設定します。
3. 順位取得完了後に画面中段右の「フィルタ」をクリックし、「SERP要素」のプルダウン...

以下のどちらかの方法でリッチリザルト表示の機会を増やすことができます。

▸ 直接HTMLでマークアップ
▸ データ ハイライターを活用 – Googleのみ

　多くの検索エンジンに対応させるために、「構造化データ マークアップ支援ツール」
を使用して直接HTMLでマークアップしましょう。

　直接マークアップができないウェブサイトや、技術的に対応が難しい場合は「デー
タ ハイライター」の活用をおすすめします。

☰ 構造化データマークアップ支援ツールの使い方と手順

1「構造化データ マークアップ支援ツール」を開き、構造化データを追加したいページ
のURLを入力します。公開前のページであればHTMLソースを貼り付けます。

> MEMO
> ●構造化データ マークアップ支援ツール
> https://www.google.com/webmasters/markup-helper/u/0/

データタイプを選択

データタイプを選択し「タグ付けを開始」ボタンをクリックします❶。

3 必須項目を指定

データタイプごとに、必須項目が異なります。必須項目は必ず設定し、それ以外の項目もマークアップ可能なものは設定しておきましょう。

マークアップが終わったら「HTMLを作成」ボタンをクリックします。画面右側にマークアップされたHTMLが生成され、マークアップ箇所が黄色くハイライト表示されます。

4 マークアップが完了したら「リッチリザルトテスト」でチェック

https://search.google.com/test/rich-results

Googleの提供する「リッチリザルトテスト」で正しくマークアップされているかをテストすることができます。

問題が無ければ以下のように表示されます。

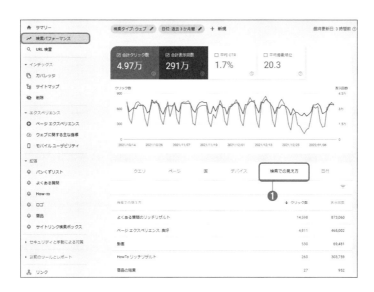

構造化データマークアップを行ってもすぐに検索結果にリッチリザルトが表示される
わけではありません。Googleのクローラーが巡回し、マークアップを確認して
からの処理となります。

認識されると、Search Consoleの左メニューの「検索パフォーマンス」で「検索で
の見え方」タブをクリックすると❶、検索結果で表示されている回数を確認するこ
とができます。

ウェブサイトの多言語対応

Search Consoleを使えば、ウェブサイトの地域ターゲットを設定できます。ccTLD
の場合は自動的に国情報と関連付けられるため、特殊な設定は不要ですが、gTLD では
地域ターゲティングにより、地域に関連する検索結果の精度を向上できます。

TLDとは?

トップレベルドメインを意味します。国別コードトップレベルドメインやジェネリッ
クトップレベル ドメイン が一般的です。

ccTLD

国別コードトップレベルドメイン (.jpや.ieなど) を意味します。

gTLD

ジェネリックトップレベル ドメイン (.com、.org など) を意味します。.london
や.madrid、.tokyoなどはgTLD と同様に扱われるようです。

1つのドメインで複数の地域ターゲットを指定

ドメインを1つ所持していれば、Search Console上でサブドメインやサブディレ
クトリ単位で個別サイトとして登録できます。サブドメイン／サブディレクトリ単
位で個別に登録すれば、地域ターゲットを個別に設定することができます。

.frや.de、.ukなどドメインごとに追加することもできますが、もし1つしかドメイ
ンがなかったとしても、この方法であれば異なる多くのドメインを購入する必要はあ
りません。つまり国別に ccTLD をわざわざ購入する必要はありません。

hreflangを使用したページ単位の地域ターゲット指定方法

Googleは地域ターゲットの指定方法として以下の3つを紹介しています。
▶ ヘッダーの HTML リンク要素
▶ HTTP ヘッダー
▶ サイトマップ

ページ単位で言語に対応したURLを指定

日本語、英語、フランス語のような具合に言語ごとにサブドメインで区切ってウェブサイトを運営している場合には、各言語のサイトのページ別でhreflangを相互に指定することで、Googleは各言語で対応するウェブページを認識し、検索ユーザーに適したURLを検索結果に表示します。

例えばexample.comのドメインは英語向けで、このウェブサイトの日本語版をjp.example.com、フランス語版をfr.exmaple.comとして運営するのであれば、各言語のトップページに相当するヘッドセクションに以下のように記述していきます。

> hreflang属性の値は、代替URLの言語(ISO 639-1)とオプションの地域(ISO 3166-1 Alpha 2)で識別されます。ISO 3166-2については言及がなく、サポートされていないようです。

```
<link rel="alternate" href="http://example.com" hreflang="en" />
<link rel="alternate" href="http://jp.example.com" hreflang="ja" />
<link rel="alternate" href="http://fr.example.com" hreflang="fr" />
```

下層のページも同様に、相当するURL単位で相互に指定する必要があります。

一方で、hreflang属性を指定しなかった場合でも、Googleはページ単位で使用されている言語を判別します。

hreflangを指定するメリットは、各言語や国で適切な言語バージョンのページを検索結果で表示させることができる点ですが、複数言語のページ間で指定する場合は非常にややこしくなります。

誤って指定してしまうと、何もしないケースと比べて悪影響を及ぼすこともあるようですので、慎重に正確に設定しましょう。

なお、hreflangは、canonicalと混同されがちですが、canonicalのように指定したURLに評価を統合することはなく、ページごとに評価されるようです。

Google は基本的には JavaScript の処理が得意ではありませんが、最近ではHTMLだけでなく、CSSやJavaScriptの内容も評価できるように改良されてきています。ここではJavaScriptを使用する際の注意点を扱います。

Googleはウェブページをレンダリングして評価するようになった

現在のGoogleは、過去に取得したURLのリストをもとに、各ページをクロールしてページにアクセスし、その後レンダリング処理を行い、最終的にインデックス登録を行います。

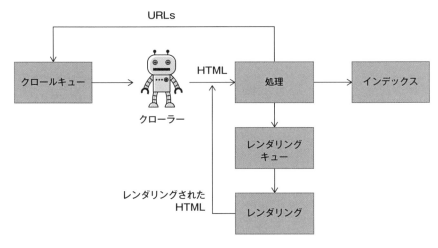

（出所：https://developers.google.com/search/docs/advanced/javascript/javascript-seo-basics?hl=ja　をもとに作成）

元々はレンダリング処理までは行われていなかったため、JavaScriptによって追加されるコンテンツは判別できませんでした。

現在ではHTMLの情報を解析した後に、最新バージョンの Chromium がページをレンダリングしてJavaScriptを実行します。その後、レンダリングされたHTMLを再解析して評価します。

JavaScriptを使用する際の注意点

JavaScriptを使用する場合の注意点を確認しておきましょう。

JavaScriptはブロックしない方が良い

クローラーの巡回効率ばかりを気にしてしまうと、不要だと思うものを全てブロックしてしまいたくなりますが、CSSやJavaScriptはブロックしないように注意しましょう。Googleはウェブページをレンダリングして、内容を判別します。ブロックしてしまうとレンダリングの際に一部のコンテンツが認識できなくなる恐れがあります。

JavaScript内のリンクも評価される？

JavaScriptリンクもほかのリンクと同様にページランクを渡すようです。

JavaScriptで記述されるcanonicalも処理する？

かつては、レンダリング後にクライアント側に追加されるcanonicalをGoogleは無視していましたが、現在では処理できるようになったようです。

一方で次のような複雑なパターンもあり得ます。

オリジナルのHTML上でnofollowを記述、
JavaScriptでその記述を削除している場合はどのように処理される？

Googleはnofollowとして処理します。

ロボットメタタグを記述していない状態で、
JavaScriptでnoindexの記述を追加している場合はどう処理される？

Googleはnoindexとして処理します。

右クリックやコンテンツ選択の禁止はSEOに悪影響？

ユーザー目線で考えると、右クリックやコンテンツ選択の禁止は使いにくいページではありますが、SEOには影響しないようです。

JavaScriptを使用したリダイレクトは適切に処理される？

GoogleはJavaScriptのリダイレクトを処理することはできるようですが、ほかの検索エンジンではそうでない可能性もあるようです。

何にせよコミュニケーションは大切

SEOを行う際には様々な部門との調整が必要となります。これまでの経験では、経営層と現場や、経営層と外部制作会社、営業とエンジニアの間で物事を進める場合が多く、その中でもエンジニアとの調整には苦労することが多かったと記憶しています。このコラムではその体験の一つを多少脚色も加えてお伝えします。

ある企業で常にタスクに追われながらウェブサイトのシステムを担当しているエンジニアがいました。タスクには優先度を割り振って効率的に物事を進めていました。ある日営業サイドからECサイトのシステムに関して、SEOを目的とした修正リクエストがメールで送信されてきました。営業側もどのように伝えるべきかわからずツールから出力されたレポートをそのままエンジニアに送りました。
そのエンジニアも目的や効果がわからなかったため、優先度の低いタスクとしてとりあえず受け入れました。しかし優先度が低いため、半年経過してもそのタスクは未着手の状態でした。
確かに、エンジニアの立場からすれば、よくわからないSEOのリクエストに対して、高い優先度でタスクを割り当てることはできません。その稼働時間をもっと有益なタスクに割り当てた方が自身も含めて企業にとってプラスに働くからです。
事実 Search Console のエラーも含めて、多くのSEOチェックツールやSEOコンサルのアドバイスには、稼働時間に合う効果が見込めないものもあります。最終的に振り回されるのは、修正を行う作業者となります。
「SEOのために」というのは実は目的ではなく手段です。検索順位が上がる確証がなければ、「SEOのために」という目的はエンジニアにとっては曖昧に思えるかもしれません。もちろん誰も検索順位について必ず上がるとは言い切れません。
この状況でエンジニアにタスクを伝える場合は、その修正の目的が検索ユーザーの利便性向上なのか、Googleボットの処理に最適化することなのかを明確にし、修正による具体的な効果（例えば直帰率や滞在時間が改善するなど）を説明する必要があります。その上で稼働時間と成果が見合うようであれば、より高い優先度で対応してもらえるようになるでしょう。
もちろんエンジニアもSEO担当者もそれぞれ状況は異なるため、必ずコミュニケーションが成立するとは限りませんが、相手の状況を理解し、詳細な情報（数行のメールやチャットではなく）を伝えることはSEO以外に関しても重要なことだと感じます。

第 **10** 章

被リンクの獲得と活用方法

品質の高いコンテンツを作成した上で被リンクを自然に獲得できる
流れを作ることが理想ですが、積極的にアプローチして外部とのコ
ミュニケーションを増やすことでリンクを獲得していく方法もあり
ます。

ページランクの操作を目的とした
被リンクはガイドライン違反

Googleのガイドラインでは、リンクプログラムへの参加を禁止しています。リンクプログラムとは、ページランクや検索順位の操作を意図したリンクなどが該当し、自身のサイトからのリンク、自身のサイトへのリンクのどちらにも当てはまります。

リンクプログラムの種類

　リンク購入や過度なリンク獲得施策は、アルゴリズムで無効化されます。アルゴリズムをすり抜けたとしても以下のページから第三者によって送信されるスパム報告などをきっかけにGoogleのスタッフが手動で確認します。問題としてみなされれば、ウェブサイトの評価を傷つけてしまうかもしれません。

スパム、有料リンク、マルウェアを報告する

https://developers.google.com/search/docs/advanced/guidelines/report-spam

ホーム ＞ 検索セントラル ＞ ドキュメント ＞ 上級者向け SEO　　　　この情報は役に立ちましたか？ 👍 👎

スパム、有料リンク、マルウェアを報告する 🔗

Google の検索結果にスパム、有料リンク、マルウェアによるものと思われる情報、またはウェブマスター向けガイドライン（品質に関するガイドライン）に違反すると思われる問題が見つかった場合は、以下のリンクから問題を報告してください。Google がこうした報告に基づいて違反に直接対処することはありませんが、検索結果を保護するスパム検出システムの改善方法を理解するうえで、皆様の報告が重要な役割を果たしています。

スパム行為のあるコンテンツ

スパム行為のあるコンテンツは、Google の検索結果で上位に表示されるように隠しテキスト、誘導ページ、クローキング、不正なリダイレクトなどのさまざまなトリックを使用します。このような手法は Google の検索結果の品質やユーザー エクスペリエンスを低下させることがあります。

`スパム行為のあるコンテンツを報告する（Googleアカウントが必要）`

有料リンクのスパム

PageRank 🔗 を転送するリンクの売買は、検索結果の品質を低下させる要因の 1 つです。リンク プログラムへの参加 🔗 はウェブマスター向けガイドライン（品質に関するガイドライン）に対する違反となり、検索結果におけるサイトの掲載順位に悪影響を及ぼすおそれがあります。

`有料リンクを報告する` （Googleアカウントが必要）

マルウェア

サイトがマルウェアに感染しているか、悪意のあるソフトウェアや望ましくないソフトウェアを配布していると思われる場合は、Google までお知らせください。

`マルウェアを報告する`

Googleがガイドラインで禁止している行為は次のようなものです。

▶ PageRank を転送するリンクの売買。
- ・リンク自体やリンクを含む投稿に関して金銭をやり取りする。
- ・リンクに関して物品やサービスをやり取りする。

▶ 特定の商品について記載しリンクを設定してもらうのと引き換えにその商品を「無料」で送る。

▶ 過剰な相互リンク (「リンクする代わりにリンクしてもらう」) や、相互リンクのみを目的としてパートナーページを作成すること。

▶ アンカーテキストリンクにキーワードを豊富に使用した、大規模な記事マーケティングキャンペーンやゲスト投稿キャンペーン。

▶ 自動化されたプログラムやサービスを使用して自分のサイトへのリンクを作成すること。

▶ 第三者のコンテンツ所有者に対し、必要に応じてアウトバウンドリンクに修飾属性を適用するかどうか選ぶ権利を与えずに、特定の利用規約や契約、または同様の取り決めの一部として、リンクを義務付けること。

▶ PageRank を転送するテキスト広告。

▶ PageRank を転送するリンクを含む記事に対して支払いが行われるアドバトリアルやネイティブ広告。

▶ ほかのサイトに配布される記事やプレスリリース内の最適化されたアンカーテキストリンク。

▶ 質の低いディレクトリやブックマークサイトのリンク。

▶ 様々なサイトに配布されるウィジェットに埋め込まれている大量のキーワードを含む非表示のリンクや低品質のリンク。

▶ 様々なサイトのフッターやテンプレートに埋め込まれて広く配布されるリンク。

▶ フォーラムでのコメントにおいて、投稿や署名の中に含まれる作為的なリンク。

繰り返しとなりますが、ガイドラインに違反した施策は、評価を高めるどころか逆に落としてしまう結果になりかねません。このような施策は企業にとっては信頼を失うリスクの大きな施策となることを理解しましょう。

MEMO

Google は 2012 年にスパムを取り扱うアルゴリズムとしてペンギンアップデートを実施しました。当初は全体の 3.1%～5% のクエリに影響を及ぼすほどのインパクトで、リンク購入を行っていた企業のウェブサイトが検索結果から排除されてしまうこともあり、大きな問題となりました。

ビジネスに関連するウェブサイトやメディアで情報共有する

あなたの担当するウェブサイト以外にも、企業が管理するウェブサイトがほかにある場合は、そこからリンクを獲得することからはじめましょう。次にパートナーや顧客企業、そしてメディアといった順に周りを固めていきます。

企業が管理するほかのウェブサイトからリンクを張る

ほかのウェブサイトからリンクを獲得する

企業自身で管理しているウェブサイトであれば、適切なページや場所に、正確なURLと適切なアンカーテキストでリンクを設置できます。

その際には、キーワードのみの不自然なアンカーテキストではなく、リンク先のウェブサイト名や、企業名、ブランド名などわかりやすいアンカーテキストを設定します

ウェブサイト内のページからリンクを獲得する

関連するコンテンツからのリンクは、外部サイトだけでなく、同一サイト内でも有効です。

質の高いコンテンツから適切な文脈と自然なアンカーテキストでリンクを張るようにしましょう。訪問者にとって意味のあるメインコンテンツ内のリンクであれば、利便性を高め、評価を高めることにつながります。

SEO目的で薄いコンテンツ同士で無価値なリンクを張り合うことは避けましょう。

ビジネスパートナーとの取り組みを通してリンクを張ってもらう

ビジネスパートナーにお願いする

複数のビジネスパートナーに対して、リンクを張ってもらえるように依頼します。

互いのウェブサイト上で取引先として紹介しましょう。この場合は企業名のアンカーテキストでリンクを張ることになるでしょう。

取引先に取材して記事を作成する

単純にリンクを依頼する方法とは別に、ブログのテーマに一致する分野の取引先に取材して記事を書く方法もあります。取引先もビジネスを知ってもらえる機会が増えるため、嫌がられることは少ないかもしれません。

　訪問者が興味を持ちそうな話題に関して取引先に取材することで、ブログ読者にも価値あるコンテンツを提供できます。

　公開時には、取引先のウェブサイトから、取材コンテンツへリンクを張ってもらうようにお願いしましょう。

ビジネスに関連するメディアに情報提供する

　ビジネスに関連するメディアをリストアップし、新製品の情報や、技術レポートなどの独自調査結果、市場のトレンドなどのニュース価値の高い情報を共有しましょう。

　次の方法で関連するメディアを調べることができます。

ニュース検索

　Googleでビジネスの主要クエリでニュース検索を行い、掲載されているメディアをリストアップしましょう。

被リンクチェッカー

　SE Rankingの「被リンクチェッカー」で主要な競合が獲得している被リンクを調査します。「被リンクチェッカー」の「参照ドメイン」サブセクションをクリックして、信頼度を示すDTが高いメディアをチェックしましょう。

　一般的なメディアであれば、記者に情報を提供する専用の窓口があります。そこからコンタクトをとりましょう。

　そして、新製品の情報を含めて定期的に情報を共有し、時にはメディアの提供する有料オプションを利用しつつ信頼関係を構築しましょう。

SNSを活用して
コンテンツを配信

SNSでは、気に入ったアカウントをフォローすると、SNSのホーム画面上にそのアカウントから投稿される情報が表示されます。訪問者にフォローしてもらえるように、ブログのトップや著者プロフィールページに「フォローボタン」を設置しましょう。

SNSのフォロワーを増やす

作成した企業SNSアカウントのフォロワーが増えれば、それだけ多くの人に情報を発信することができます。

訪問者がブログを気に入った時にすぐにフォローできるようにフォローボタンを設置しましょう。

Twitterのフォローボタン

Twitterのフォローボタン設置用のコードは以下のページで取得できます。

https://publish.twitter.com/

フォローボタンを見つけ、TwitterプロフィールのURLを指定して生成されるコードをページ上に配置しましょう。

Facebookページのいいねボタン

Facebookページのいいねボタンのコードは以下のページで取得できます。

https://developers.facebook.com/docs/plugins/like-button

プロフィールのURLには、FacebookページのURLを入力し、生成されるコードをページ上に貼り付けましょう。

SNSアカウントで情報を発信する

ブログ記事や、キャンペーン、新着情報など、フォロワーに役立つ情報は企業のアカウントから積極的に投稿しましょう。SNS上で情報を発信する際の注意点は次のとおりです。

SNSで投稿する曜日や時間帯によって反応が異なる

平日や休日、曜日、時間帯によってフォロワーの反応も異なります。多くの人に届く効果的な時間帯を見つけましょう。

投稿の頻度が多すぎればフォロワーが減ります

過度に同じ内容の投稿を繰り返すと、煩わしいと思われ、フォロワーが減ります。少なすぎるとほかの投稿の中に埋もれてしまうでしょう。

はじめのうちは1日に2回程度の投稿ぐらいがちょうど良いかもしれません。

ブログの新規コンテンツや既存のコンテンツを織り交ぜながら、有益な情報を提供していきましょう。

宣伝ばかりしない

キャンペーンや新商品のお知らせを投稿することは問題ありませんが、宣伝ばかりでは企業アカウントとはいえ、フォロワーが離れてしまいます。有益な情報や、面白いコンテンツを投稿しましょう。

自身のコンテンツが少ない場合は、フォロワーに役立つ外部コンテンツを紹介する

フォロワーに価値ある情報を提供していくことが重要です。

積極的な 被リンク獲得アプローチ

自然に被リンクを獲得するには、品質の高いコンテンツを作成すると良いでしょう。または、積極的にビジネスに関連する外部のウェブサイトを調べて、外部のサイト運営者にアプローチして、被リンクを獲得する方法もあります。

比較・レビューサイトで掲載してもらう

比較やレビューの対象となる商品を取り扱っている場合には、関連するクエリで既に上位表示されている比較・レビューサイトにコンタクトをとり、プロモーション対象商品の掲載を依頼するという方法も効果的です。

商品カテゴリを含むクエリや、「比較」、「まとめ」といった単語を含むクエリでGoogle検索してみましょう。

被リンク獲得はもちろん、そのウェブサイトからの直接的な参照トラフィックの獲得にもつながります。

質問掲示板やフォーラムに積極的に参加して回答する

掲示板やフォーラムのコメントにリンクを張っても一般的にはugcやnofollow属性が付与されるため被リンク獲得施策にはなりませんが、参考になる回答を提供することで、多くの人々の問題解決の役に立ちます。

その中であなたのコメントを通して、リンク先のコンテンツを読んだ訪問者が管理するウェブサイトからのリンクを獲得できる場合もあります。そのほかにも、直接的なトラフィックの獲得にもつながります。

関連するイベントに参加する

自身のビジネスと関連するイベント（オンライン／オフライン問わず）に参加する

ことで、そのイベントのウェブサイトからの被リンクを獲得できるかもしれません。

　登壇や協賛することで被リンクや、ソーシャルプルーフ（社会的信用）、直接的なトラフィックの獲得につながります。

外部サイトのリンク切れを調査して代替リンクを提案

　ウェブサイト管理者であれば、リンク切れはできれば修正したい箇所です。

　リンクを張って欲しいウェブサイトがあった場合には、一旦そのウェブサイトにリンク切れが発生していないかを調査しましょう。

　SE Rankingのサイト SEO 検査を使用すれば、対象ウェブサイトのリンク切れを一括で抽出することができます。

　リンク切れを把握した後に、自社ウェブサイト内にその代替リンク先となるコンテンツが無いかを確認し、無ければ新たに作成します。

　メールやSNSでリンクを張って欲しいウェブサイトの担当者にコンタクトをとり、リンク切れを見つけたことを報告し、代替URLをそのリンク先の候補として提案します。手間はかかりますが、成功すれば良質なリンクを1つ獲得できます。

掲載依頼（リンク付き）を受けた際の対応

　競争の激しいキーワードで自身のコンテンツが上位表示されると、ほかのウェブサイト運営者からその運営者の商品や、記事の掲載依頼がメールやSNS経由で届くことがあります。このとき、依頼者のウェブサイトの品質に問題がなければ、彼らのコンテンツからも自身のコンテンツに対してリンクを張ってもらえないか交換条件を出してみましょう。

　依頼者の商品やページに関してリンク付きでコンテンツ上に掲載する代わりに、あなたの管理するウェブサイト内で評価を上げたいページと関連性の高そうなページからの被リンクを獲得しましょう。

競合サイトの獲得被リンクを参考にアプローチ

第4章のSection05で調査した競合の被リンクリストをもとにして、関連するウェブサイトにコンタクトを取りましょう。そしてあなたの管理するウェブサイトのリンク獲得につなげましょう。

調査した被リンクをもとに次の施策を展開

第4章のSection05で、既に競合サイトの被リンク獲得状況を調査しました。

競合の被リンク獲得施策を分析することで、あなたが管理しているウェブサイトで見落としていて、効果が見込めそうな被リンクを見つけることができます。

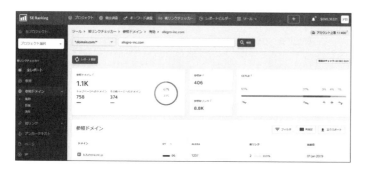

基本的には行うべきことは本章のSection04と同じです。まずは調査したウェブサイトのリストを以下のカテゴリで分類してみましょう。

- ▶ 比較・レビューサイト
- ▶ 質問掲示板やフォーラム
- ▶ イベント
- ▶ メディア
- ▶ その他

競合の被リンク獲得施策を参考にする

比較・レビューサイト

比較サイトやレビューサイトを見つけた場合には、あなたのウェブサイト上の商

品やサービスに関する有用な情報をサイト運営者に提供し掲載を依頼しましょう。

既に掲載されている比較・レビューサイトの観点に合う基準で情報を提供すると
スムーズです。

質問掲示板やフォーラム

質問の内容を確認し、議論に参加できそうな分野であれば積極的に参加しましょう。
新しい質問が投稿されたかどうか、定期的にその掲示板やフォーラムをチェックし
ましょう。

イベント

競合が参加しているイベントを把握し、あなたの管理しているウェブサイトの商
品やサービス、企業としてそのイベントに参加する価値があるかどうかを検討しましょ
う。

イベントの担当者にコンタクトをとることで、競争相手や市場の状況がわかるか
もしれません。

メディア

競合が被リンクを獲得しているメディアを確認します。可能であればメディアの
担当者にコンタクトをとり、あなたの管理しているウェブサイトの商品やサービスに
関する情報や、企業として提供可能な技術的なレポート、市場のトレンドなど、ニュー
ス性の高い情報を提供して信頼関係を構築しましょう。

ディレクトリサービス

ローカルビジネスの場合は競合がサイテーションで利用しているディレクトリサー
ビスを調査して、見落としているサービスには登録するようにしましょう。

ブックマーク

はてなブックマークはページの保存、共有が行えるソーシャルブックマークサー
ビスです。オンライン上のブックマークとなるため、インターネットさえ接続されて
いれば自宅のPC、職場のPC、友達のPCのどこからでも、保存したページを開くこ
とができます。

多くのブックマークを獲得している競合ページを分析して、内容や文脈を把握し、
参考にしましょう。

獲得被リンクを更に活用する

獲得した被リンクは、文脈によってはコミュニケーションをとって次の施策につなげていくこともできます。定期的に獲得した被リンクを確認することで、リンクを獲得した際に素早く次の行動へつなげることができます。

有用なコンテンツからの被リンク

被リンクを獲得して満足するだけでなく、次のような施策につなげましょう。

SNSやソーシャルブックマークで共有する

獲得したリンク元の記事が有益で共有する価値があれば、企業の管理するSNSでコメントを付けて共有しましょう。

リンク元のコンテンツ作成者とのコミュニケーションに発展する可能性があります。

ウェブサイトのほかの記事を確認する

被リンク元のウェブサイトにほかにも関連するコンテンツがあれば、被リンク元の運営者にコンタクトをとって有益な情報を提供し、更なる被リンク獲得につなげることもできます。

例えばアフィリエイト関連のウェブサイトからリンクを獲得した場合は、その運営者にほかにもアフィリエイト可能な自身の商品をおすすめしてみましょう。

この場合、被リンク獲得の目的は検索順位ではなく、直接的なトラフィックの獲得となるでしょう。

> **MEMO**
>
> Googleのガイドラインを遵守し、アフィリエイトリンクの場合は、nofollowやsponsored属性を付与してページランクが流れないようにしましょう。

あなたのコンテンツに対する疑問や質問

あなたの商品やサービス、ウェブサイト、記事などのコンテンツに対して、内容がわかりにくかったり問題や誤りがあった場合には、被リンクとともに質問や不満が記載される場合もあります。

典型的な例としては、掲示板やフォーラムであなたが書いた記事を参考に問題を解決しようとしたものの、解決しなかった場合に、その記事へのリンクとともに質問が投稿されます。

もちろん掲示板やフォーラムではなく、ブログ記事で質問を投げかけられる場合もあります。

この場合は、自身のコンテンツで説明が不十分な箇所があれば、コンテンツを改善し、掲示板、フォーラム上の投稿や、ブログのコメントフォームを活用して質問に対する回答を提供しましょう。

結果的に同様の質問を持つ検索ユーザーや掲示板、フォーラム利用者の問題解決に役立ちます。

あなたのコンテンツに対する良い評価

あなたの商品やサービス、ウェブサイト、企業、記事などのコンテンツに対して、良い評価コメントや、役に立った事による感謝のコメントとともにリンクで参照される場合もあります。

自然発生のクチコミは作成したコンテンツが人の役に立ち、その人が周囲の人におすすめしたくなったことを示すサインです。

SNSでコメント付きで共有することはもちろん、自身の商品やコンテンツに対する良い評価については、引用の許可をもらえれば関連するページに掲載するということもできます。

例えば商品に対する良い評価コメントを集めて、商品ページ上や事例、お客様の声などでソーシャルプルーフとして活用することもできます。

> **MEMO**
>
> 獲得した被リンクを確認する方法は、本書の第3章Section06をご覧ください。
> SE Rankingの「被リンク監視」を使用して、Search Consoleと連携することで、定期的に情報を更新し、新しい獲得リンクを確認することができます。

質の低いリンクへの対応

Googleはスパムに対してアルゴリズムや手動で厳しく対処してきました。仮に第三者がアルゴリズムを悪用し、質の低い被リンクを大量にあなたのウェブサイトに対して張り付けてきた場合、評価は落ちてしまうのでしょうか。

ネガティブSEOへの対処

　Search Consoleから最新のリンクの状況を確認すると、なかには国内や海外のスパムサイトからのリンクであったり、RSSで自動生成されたようなコンテンツからのリンクであったりと、一目見ればすぐに質の低いコンテンツだとわかるものが含まれている場合があります。

　大抵このようなコンテンツは、アフィリエイト広告やアドセンス広告が表示されていたりします。

　もしこのようなリンクが大量に見つかった場合に、ライバルによって自身のサイトに向けてネガティブSEOが行われているのではないかと疑ってしまうかもしれません。

　ネガティブSEOとは、競争相手のウェブサイトの順位を下げるために、低品質のリンクを大量に張り付ける行為を意味します。

　Googleの発言によれば、アルゴリズムで適切に対処できるため、ネガティブSEOを心配する必要はないそうです。

気になる場合はリンク否認ツールで対処

　リンクスパムを検知するペンギンは、2016年9月にリアルタイム更新に変わり、ページ単位できめ細かい対応がされるようになりました。

　それ以前は、スパムと判定されたウェブサイトはアルゴリズム更新のタイミングでまとめて評価が下げられていました。また、影響もウェブサイト全体に及ぶものでした。

　Googleの対応は変化し、現在ではスパムリンクに対して評価を下げるのではなく、無視(無効化)して対応しています。

　一般的なウェブサイト運営者はスパムリンクに関しては、そのまま放置していても問題ありません。

　実際にスパムリンクを張ってしまった、または、過去にスパムがされていたウェブ

サイトのドメインを取得してしまった場合や、前任者がスパムを行っていた場合には、一度Search Console上の「手動による対策」を確認しましょう。

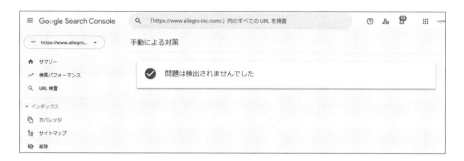

リンク否認ツールの使い方

リンクスパムに関する通知が表示された場合には、次の手順で対応します。

1 疑わしいものも含めてスパムリンクを特定します。

2 スパムリンクを全て取り除きます。自身で削除できるものは削除し、外部の運営者に依頼しなければならないものは削除依頼を行い、削除されたことを確認します。

3 取り除けなかったスパムリンクは「リンク否認ツール」にアップロードします。

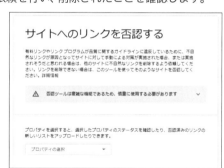

使い方については、以下のページをご参照ください。

https://support.google.com/webmasters/answer/2648487?hl=ja

4 修正を確認した後に「再審査リクエスト」を行います。

https://www.google.com/webmasters/tools/reconsideration

リクエストを送信して数日経過すると、Search Consoleにメッセージが表示されます。手動による対策が解除されたことを確認しましょう。

nofollow、ugc、sponsored 属性

ページランクはリンクを通してほかのページへ渡りますが、特定のページに対してページランクを流さないようにするには、a タグに nofollow、ugc、sponsored 属性を付けます（または meta タグで nofollow を使います）。

nofollow / ugc / sponsored 属性の使い方

　個々のリンクに対して nofollow、ugc、sponsored 属性を追加することで、そのページの評価を示すページランクやアンカーテキスト情報はリンク先のページには転送されなくなります。ただし、最終的な判断は Google が行います。記述自体はヒントとして解釈され、確実に無視されるわけではありません。

nofollow 属性

　2019 年 9 月以前は該当する属性は nofollow のみでしたので、ほとんどのウェブサイトは現在でも nofollow を使用していると思います。

　新しいルールでは ugc や sponsored に該当しないリンク、例えばページランク評価を転送したくないリンクに対して nofollow 属性を付与することになります。

　また、ゲストブログのコンテンツに含まれるリンクについても nofollow を付与するように推奨しています。

```
詳しくは<a href=" 特定のページや外部サイトのURL" rel="nofollow">こちら</a>
```

ugc 属性

　ugc は user generated content を意味します。フォーラムやブログを運営していて、第三者のコメントとリンクを許可している場合には、リンク付きのコメントスパム被害に合うケースもあります。

　リンク付きのコメントスパムは放置すると、検索エンジンによりそのブログ自体の質が低いと判断されることもあります。

　このような場合には、コメント欄のリンクにはあらかじめ ugc 属性を付与するように設定しておく必要があります。

```
詳しくは<a href=" 特定のページや外部サイトのURL" rel="ugc">こちら</a>
```

　第三者でも投稿できる Wikipedia や WordPress のコメントフォームに張りつけた

リンクに対しては、自動的にnofollowが付与されています。

sponsored属性

かつてはページランクの高い影響力のあるメディアに対して広告出稿をすると、自社サイトにもページランクが流れますので検索順位にも影響していました。

現在Googleは、バナー広告や記事広告はnofollow属性やsponsored属性を付けることを推奨しています。こうすることによりページランクが受け渡されなくなり、ページのランキングシステムを公平に保てます。

主要なカテゴリ登録や有料広告では既にnofollowが付与されているため、被リンクの効果はありません。

nofollowが無い広告やアフィリエイトリンクについては、Googleの方で自動的に判断してnofollowとして処理しているようです。

```
詳しくは<a href=" 特定のページや外部サイトのURL" rel="sponsored">こちら</a>
```

nofollow属性自体がページの評価を落とすことはない?

nofollow属性によってサイトの評価を傷つけることはありません。

サイト内リンクにnofollowを使用しても良い?

サイト内のリンクにnofollowを追加する必要はありません。

external / noopener / noreferrer 属性はSEOに影響する?

external / noopener / noreferrer属性はどれもSEOには影響しないようです。

external属性
リンク先のコンテンツが外部リソースであることを示します。

noopener属性
target=" blank"で新規タブや新規画面を開くリンクに対して、JavaScriptでwindow.openerを操作できないようにするセキュリティの観点からnoopener属性を使用します。

noreferrer属性
ユーザーエージェントに対してリンク先のコンテンツにリファラー情報を送らないように指示します。

海外との取引で得たこと

アレグロマーケティング設立当初は国内開発会社のソフトウェアの販売を軸として事業を展開していましたが、現在ではウェブサイトやデジタルマーケティングに関連するツールを専門に取り扱うようになりました。

これまでに、筆者の過去の海外挑戦の中で身に付けた英語力^^;) を活かし、その中でInspyder 社やSE Ranking 社といった海外企業のツールも取り扱うようになっています。

海外との取引を行うようになると、各国で行うプロモーション方法やアップセル、クロスセルの方法の多様さに驚きました。

販売方法や顧客とのコミュニケーションは様々な条件分岐とともに緻密に設計され、サポートやページで公開する情報、メールの活用なども含めて総合的にビジネス自体を構築しています。

もちろん被リンク獲得施策についても想像するよりもかなり積極的にアプローチしています。例えば、レビュープラットフォームに対して、レビュー掲載依頼をメールで送ることのほか、特定のクエリで上位に掲載されているウェブサイト運営者に直接コンタクトをとって、情報を掲載してもらえるようにお願いすることもあります。

日本でも少しずつ直接アプローチされる機会は増えていますが、ここまで施策として積極的に行うケースは少ないのではないでしょうか。

英語圏のリンク獲得施策に関しては、被リンク獲得というよりは広報活動に近い印象を受けました。日本でも関連するメディアにアプローチして、書籍やウェブサイトで新製品を掲載してもらうことはあります。

英語圏では、特定のクエリで上位表示されているウェブサイトも、メディアの一つと考えてアプローチしているのだと思います。

筆者もそうですが、「おはよう」に対して「おはよう」、「最近どう?」に対して「いつも通り」と定型文で会話が終了してしまうようではコミュニケーションに発展しませんが、対象のウェブサイトを絞って問い合わせ先を見つけて、1件ずつ丁寧に文面を考えると、不思議なことに多くの場合無視されずにきちんと回答を頂けます。

逆の立場で考えれば、一斉送信のようなメールは当然中身まで見ませんし、きちんと自身のことを理解してもらえている文面であればメールだけでも話がはずむこともあります。

第 11 章

検索順位の計測方法と
改善施策

SEO担当者は検索順位を計測して施策の成果を評価します。
ここでは、順位計測を行う際の方法と注意点のほか、順位だけでは
なくSERPの情報も把握した上で施策に応用する方法も解説してい
ます。

検索順位はユーザーの検索環境によって異なる

検索するデバイスの種類（パソコンやスマホ）、閲覧履歴、場所によって、検索順位は異なります。ここでは検索順位を確認する際に環境的な要因で考慮すべき点について解説します。

検索結果を確認する際に考慮すべき環境要因

Googleは検索ユーザーの行動や文脈を理解したうえで、ユーザー個別に異なる検索結果を表示します。そのため、頻繁に訪れるウェブサイトの検索順位が自身のブラウザ上でのみ上位表示されてしまうこともあります。

閲覧履歴の影響

ある重要なクエリで検索上位に表示されていたと思っても、別のパソコンでは上位表示されていなかったりする場合もあります。

自身のブラウザで頻繁に見ているウェブサイトがあれば、検索エンジンは閲覧履歴や検索履歴を参考にしてあなたの検索結果だけそのウェブサイトの検索順位を優遇します。この仕組みは「パーソナライズド検索」と言います。

この場合ブラウザ上のある機能を活用することで、閲覧履歴などの情報を無効化した状態で順位を確認できます。

Microsoft Edgeの場合は「InPrivate」に切り替えて検索します。

Chromeの場合は「シークレットモード」に切り替えて検索します。

検索履歴が検索順位に与える影響はそれほど大きくはありませんが、正しい検索順位を把握する場合はこの方法で確認しましょう。

検索する場所による影響

検索結果は利用している端末のIPアドレスも参考にするため、クエリの種類や検索する場所によっても検索結果は異なります。例えば東京と大阪での検索結果の違いを比べてみましょう。「ジム」のクエリで検索しています。

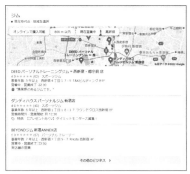

東京の検索結果

大阪の検索結果

東京で検索すれば東京周辺の情報、大阪ならば大阪周辺の情報が検索結果に表示されます。「カフェ」「税理士」「美容室」「歯医者」など地域に関する情報を調べる場合に使用されるクエリはこのように位置情報の影響を受けます。

特定の地域の検索結果を調べたい場合は、英語のツールですが地域情報を付与した結果を取得できるGoogle Location Changerというツールが便利です。

https://seranking.com/google-location-changer.html

デバイスによる影響

Googleは2015年4月よりウェブサイトがモバイルフレンドリーかどうかをランキング要素として使用することをアナウンスしています。

現在ではスマートフォンでも使いやすいように配慮されたウェブサイトが検索結果で優遇されます。

パソコン版のページしかないウェブサイトの場合はスマートフォン検索ではいくらか評価を落とします。そのため、デスクトップで検索する場合とモバイルで検索する場合の検索順位も異なります。

特定の国・言語、地域、デバイスの順位を計測する

日本国内の検索ユーザーをターゲットとする場合にはあまり意識することはありませんが、外国語のウェブサイトのSEOに関わる場合には、特定の言語や国の順位を調べる必要があります。

特定の国と言語で検索順位をチェック

Googleで検索すると、通常はブラウザの言語とIPアドレスといった情報をもとに、適切な国と言語の検索結果が自動的に表示されます。

言語や国を指定してGoogle検索する場合は、glやhlパラメータを使用します。

日本の国と日本語を指定する場合にはgl=jpとhl=jaを指定します。米国で英語の場合には、gl=us、hl=enを指定します。

glパラメータ

国を指定します。サポートされている国や地域については、以下のページをご覧ください。

https://support.google.com/business/answer/6270107

hlパラメータ

言語を指定します。サポートされている言語については、以下のページをご覧ください。

https://cloud.google.com/translate/docs/languages

以下のようにURLのgl=とhl=に値を記述してq=の箇所にクエリを記述します。

この場合はtestというクエリで国を韓国に、言語を韓国語に指定した結果が表示されます。

https://www.google.com/search?q=test&gl=kr&hl=ko

特定のデバイスの検索順位をチェック

Googleの検索結果は、モバイルとデスクトップで異なります。モバイルフレンドリーなサイト、表示速度など様々な要素が影響し、それぞれのデバイスで使いやすいコンテンツが上位に掲載されます。

ただし、どちらの検索の場合でも高品質なコンテンツを優遇する傾向は強いため、国や言語ほどの差は出ません。

デスクトップでモバイル検索結果を確認する場合には、Chromeを使用します。

1 Google検索のページへ移動します。

2 キーボードで Ctrl + Shift + I を押下します。

3 キーボードで Ctrl + Shift + M を押下します。

4 画面上部にリスト掲載されているモバイルデバイスを指定します。

5 この状態でブラウザを更新します。

多数の検索クエリの順位を調査する場合

パラメータを使用して検索する方法は、クエリが少なく素早く調査したい場合に適していますが、多数のクエリに関して地域と言語を指定した検索順位を調査する場合には、本書で利用可能なSE RankingなどのSERPチェッカーが便利です。

国や言語、デバイス、地域を指定して検索順位を取得できます。

掲載URLの変化を把握する

類似するコンテンツが存在し、正規化を行っていない場合には、検索結果に掲載される自身のサイトのページURLが頻繁に同じサイト内の別のページに入れ替わることもあります。

特定クエリにおける掲載URLの入れ替わり具合を調べる

Search Consoleを使うことで、指定期間内でクエリごとにSERPに表示された掲載URLをリストアップできます。

Search Consoleの「検索パフォーマンス」内の「検索結果」で特定のクエリを選択した状態で「ページ」タブをクリックすると、SERPで掲載されたURLを把握できます。

指定期間内に複数URLがSERPに掲載されているようであれば、それらのコンテンツが類似している可能性があります。

クエリに関連する類似コンテンツがある場合には、検索エンジンの評価が分散してしまう可能性があります。次のような対処が一般的です。

- ▶ 1つのページにコンテンツを統合する
- ▶ どちらかのページのコンテンツを強化する

Search Consoleでもこのような URLを見つけることはできますが、キーワードをひとつずつクリックし、「ページ」タブをクリックして見ていかなければならないためとても手間がかかります。

多くのキーワードで集客しているウェブサイトの場合は、とてもこの方法では把握しきれません。

また、検索結果の掲載ページに変化が生じた日までは確認することができません。

掲載URLの履歴を把握する

本書で利用可能なSE Rankingの検索順位セクションでは、登録したキーワードに関する掲載ページの変化を日付情報まで含めて簡単に把握できます。

赤枠のマークに記載の数値は検索結果のURLが変化した回数です。

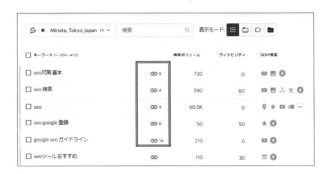

数値をクリックすると、URLの変更履歴が日付やタイトル、URLとともに表示されます。

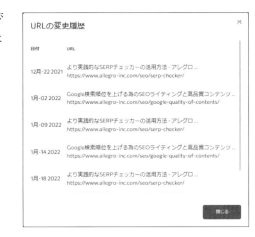

この場合は同じクエリでサイト内の異なるURLが交互に掲載されています。

類似するコンテンツであれば、どちらかのコンテンツをもう一方のコンテンツに統合することで評価の分散を防ぐことができます。

コンテンツ自体が類似していないようであれば、どちらか一方のコンテンツに対して最適化を行い、もう一方は明確に別のクエリに対して最適化を行うという選択肢もあります。

アンカーテキストの張り方や、タイトルタグで使用されるクエリをもう一度見直してみましょう。

掲載順位が
突然下降した場合の対応

Googleのアルゴリズムは複雑です。順位が下降した原因を断定することはできませんが、順位の推移を見ることで順位が下降した要因を絞り込むことはできます。

突然下降するGoogleの検索順位変動要因

既に作成したコンテンツがGoogleに上位表示されたとしても、突然順位が大きく下降することがあります。以下の要因をチェックしておきましょう。

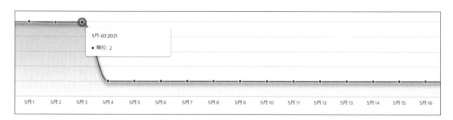

ウェブサイトの設定ミスや影響の強い要素の変更

▶ サイトリニューアル時の301リダイレクト忘れ

▶ ナビゲーションメニューの大幅な変更

▶ Search ConsoleのURL削除ツールを誤って使用した

▶ Search ConsoleのURLパラメータを誤って使用した

▶ noindexを誤って設定した

▶ canonicalを誤って設定した

▶ 重要なタイトル文を変更してしまった

▶ URLを変更してしまった

▶ ページを削除してしまった

▶ ページ上に表示される日付に関して誤った設定を行ってしまった

これらは原因として考えられる一部の例でほかにも順位に影響する要素はたくさんあるはずです。ウェブサイトの設定に関するミスの疑いがある場合には、1か月以内で行った作業を確認し、設定ミスなどがないか確認しましょう。

MEMO SE Rankingのサイト SEO検査を使用すると便利です。

ガイドライン違反となるスパム行為

　ガイドライン違反となるようなスパム行為を行ってしまった場合、それが意図的であろうとなかろうとウェブサイトの評価を傷つける結果となります。

　Googleはスパム行為に対しては、アルゴリズムと手動による対策の2つの方法で対応しています。

手動による対策

　手動による対策とは、ガイドラインに違反する行為に対して、Googleのスタッフが直接対策することを意味します。

　ウェブサイトやページの評価を下げられ、またはインデックスから削除されて検索結果に表示されなくなってしまうこともあります。

　第三者によるスパム報告をもとにGoogleがスパムを発見することもあります。

　手動による対策が行われているかを確認する場合には、Search Consoleの左メニュー内の「検索トラフィック」⇒「手動による対策」をクリックします。

　「手動によるウェブスパム対策は見つかりませんでした。」と表示されていれば問題はありません。

　手動による対策が行われている場合には、表示されているメッセージに従ってガイドライン違反となる要因を排除し、Googleに再審査リクエストを行います。

再審査リクエスト

https://support.google.com/webmasters/answer/35843

アルゴリズムによる対策

　アルゴリズムの場合は、システム上でスパム行為を自動検知し、ウェブサイトやページの評価を下げるか、評価を無効化して対策します。

　手動による対策と異なり、メッセージが通知されることはありませんので、順位が下降した原因を特定することは難しいでしょう。疑わしい場合には、ガイドラインを再確認し、過去に行った違反行為も含めて全て修正または削除しましょう。

　ガイドライン違反やスパム行為を行っていなければ、全く心配する必要はありません（通常のウェブサイト運営者であれば気にする必要はないでしょう）。

ウェブマスター向けガイドライン

https://developers.google.com/search/docs/advanced/guidelines/webmaster-guidelines

≣ そのほかの可能性

セキュリティの問題

　ウェブサイトにセキュリティの問題がある場合、検索ユーザーがそのページ、またはウェブサイトに移動する直前に警告が表示されることがあります。SearchConsoleにもエラーの通知が届きます。

アルゴリズムの変更

　大きなアルゴリズムのアップデートに関しては、Googleから公式のアナウンスがあります。「Google 検索セントラル ブログ」を確認しておくと良いでしょう。

Google 検索セントラル ブログ

https://developers.google.com/search/blog/

　SE Rankingを使っている場合には、検索順位セクションの「ノート」でアルゴリズムのアップデート情報を確認できます。

掲載順位が徐々に
下降している場合の対応

上位表示されても、時間の経過と様々な外部環境の変化により、徐々に順位は下降していきます。ここでは、順位が徐々に下降していく場合の要因と、定期的に確認すべき点をご確認ください。

ライバルコンテンツの出現

SEOを意識してコンテンツを作成しているのは、当然自分だけではありません。既存のライバルコンテンツの品質が改善された場合や、新たなウェブサイト運営者によって品質の高いコンテンツが作成された場合には、全体の順位に影響してくるでしょう。

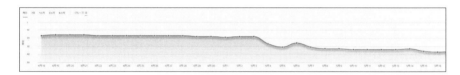

ライバルコンテンツを確認したうえで、それ以上の品質となるようにコンテンツのリライトを行うか、対抗できる新たなコンテンツを作成することを心がけましょう。コンテンツのリライトについては、次のSection06で説明します。

ツールを使った競合の順位監視

SE Rankingの「競合」セクションでは、重要な競合の順位を監視するだけでなく、対象キーワードの上位100位の検索結果を過去に遡って追跡することもできます。

ユーザーの意図が変化してきた

　特定のクエリで上位表示されたコンテンツであっても、時間とともにユーザーの検索意図は変化してきます。もちろん季節によってもクエリの意図は変化します。

　GoogleのJohn Mueller氏の発言によると、例えば「クリスマスツリー」のクエリの場合には、7月であれば木そのものの情報が、12月であれば購入場所の情報、1月であれば片づけ方の情報が求められる傾向があるようです。

　上位表示されているライバルコンテンツの傾向や、検索ユーザーが疑問に思っていることを調べ、現在の検索ユーザーの意図にマッチするようにコンテンツをリライトしましょう。

　検索ユーザーが疑問に思っていることを調べる際には、ターゲットとするクエリのサジェストキーワードを調べて見ましょう。以下のようなサービスはユーザーの意図をリサーチする際に便利です。

- ▶ Googleのキーワードプランナー
- ▶ SE Rankingのキーワード調査ツール
- ▶ Yahoo!知恵袋

コンテンツの情報が古くなってしまった

　ビジネスの分野によっては一度作成したコンテンツでも、1年以上経てば掲載している情報が古くなってしまうことがあります。

　例えばITやインターネット関連の技術に関しては、情報の移り変わりが激しいため、すぐにコンテンツが古くなってしまいがちです。

　Googleは情報の鮮度が重要視されるクエリに関しては、新しい情報を掲載しているコンテンツを優遇します。

　作成したコンテンツを放置していたために、検索順位が落ちてきてしまっている場合には、コンテンツに最新の情報を加えて再編集しましょう。

Section **06** | コンテンツをリライトする

作成したコンテンツが思ったよりも狙ったクエリで上位表示されない場合や、一度上位表示された後にランキングが下がり始めた場合には、そのコンテンツを放置せずに強化しましょう。コンテンツ強化のポイントについて解説します。

コンテンツ改善の際に考慮すべきポイント

一度作成したコンテンツを見直す際には、次のような点を考慮しましょう。

検索ユーザーの意図は時間が経つと変化する

同じクエリでも時間が経過すれば、意図も少しずつ変化します。

ユーザーの意図を調査するには、Googleのキーワードプランナーや SE Rankingのキーワード調査ツール、Yahoo!知恵袋などを活用して、最新の検索意図に適したコンテンツに書き換えましょう。

コンテンツで扱っている情報は時間が経つと古くなる

ブログで扱うテーマの中には、情報の変化が激しく、1年も経てばコンテンツが古くなってしまうものもあります。検索エンジンは、古い情報を扱うコンテンツより最新情報を扱うコンテンツの方を評価します。最新の情報があれば、その情報を含めてコンテンツを更新しましょう。

ライバルも時間が経過すればコンテンツを改善してくる

ライバルのウェブサイトも SEO を意識してコンテンツを改善してきます。また、既存のライバルだけではなく、新規のコンテンツがライバルとして出現することもあります。上位表示されている競合コンテンツのトピックを調べ、競合よりも優れたコンテンツにしましょう。

オリジナルのトピック

ライバルも同様の取り組みを行ってくると、コンテンツが類似してくるため、独自の研究や報告、分析を含むオリジナリティのあるコンテンツを作成する必要があります。顧客に対してアンケートを行い、顧客が興味を持ちそうな情報を調査してみるというのも一つの方法です。

競争が激しく、コンテンツ作成にかかる労力が見合わないようなクエリに関しては、競争しないという選択肢もあります。

投稿時の日付の扱い

大幅な変更や、最新情報を含めた場合には、記事に表示する投稿日、または更新日を最新の日付に変更しましょう。

既存コンテンツのURLは変更しない

以下の例では、2015/12/2の記事はトピックA、トピックB、トピックCとなっています。

2016/3/1に記事を強化し、トピックCは削除し、トピックD、トピックEを加えて再編集しています。コンテンツページのURLは変更せずに更新しています。

example.com/blog/example.html   example.com/blog/example.html

```
┌─────────────────┐        ┌─────────────────┐
│  2015/12/2の記事 │        │  2016/3/1の記事  │
│                 │        │                 │
│    トピックA     │        │    トピックA     │
│    トピックB     │        │   新トピックD    │
│    トピックC     │        │    トピックB     │
│                 │        │   ~~トピックC~~   │
│                 │        │   新トピックE    │
└─────────────────┘        └─────────────────┘
```

URLを変更せずに記事を強化していくことで、記事の質が高まるだけでなく、被リンクなどの評価を蓄積していくことができます。

≣ 複数のコンテンツを統合する

ウェブサイト上に類似するコンテンツが複数ページにあった場合、検索エンジンの評価や、被リンクが分散してしまいます。

クエリのリストを検索意図に適したグループに適切に割り振った上で、コンテンツを作成していれば、評価の分散を防ぐことはできますが、後から対応しなくてはならないケースもあります。

例えば、次のようにトピックA、トピックBとターゲットとするクエリも同じで似たようなコンテンツがあったとします。

これらのページには、ページランクの評価が割り振られます。類似のトピックで分散

```
┌─────────────┐    ┌─────────────┐
│    2点      │    │    2点      │
│  トピックA   │    │  トピックB   │
│  1.html     │    │  2.html     │
└─────────────┘    └─────────────┘
```

した評価は次の手順でまとめることができます。

評価を集約するためには、A、Bのコンテンツのうち、どちらかのページに統合します。それ以外は削除して、301リダイレクトで評価を転送します。

削除対象のページの条件としては、次のとおりです。

▶ ページを閲覧するユーザーが全くいない、または微々たるもの。
▶ 削除してもビジネス上影響の無いコンテンツ。

MEMO

訪問するユーザーがいなくても、特定商取引法のページやプライバシーポリシーのページはビジネス上必要です。削除しないでください。

これらの条件を確認するには、「トピックA」「トピックB」のページのセッションをGoogleアナリティクスで確認します。

仮にトピックBが削除対象のページの条件に当てはまるのであれば、トピックBの内容をトピックAに追記してまとめ、トピックBを削除してトピックAに301リダイレクトを設定します。こうすることで分散した評価を集約することができます。

コンテンツ統合手順

次のような手順でコンテンツを統合します。

1 コンテンツのトピックを1ページにまとめる（トピックBをトピックAに統合する）
トピックAにトピックBの内容を追記し、再編集後にトピックAを更新します。
トピックAとトピックBで扱う内容が若干異なる場合には、トピックAに全ての情報をまとめる事で、扱う情報量が多い内容の濃いコンテンツとなります。

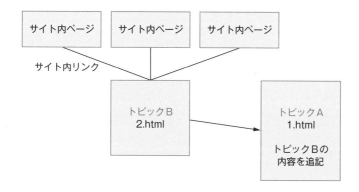

2 内部リンクの修正

トピックBに向いた内部リンクをトピックAの方に向けて修正します。

この後に301リダイレクトを設定しますが、リダイレクト自体はウェブサイトのパフォーマンスにも影響します。少なくとも自身のウェブサイト内のリンクに関しては、リダイレクトが発生しないようにしましょう。

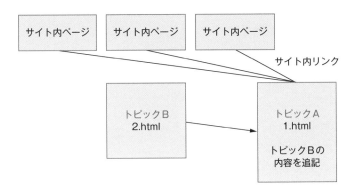

3 301リダイレクト

トピックBからトピックAに301リダイレクトを設定します。301リダイレクトはトピックBに訪れたユーザーをトピックAに転送するだけではなく、ページランクの評価もトピックAに転送することができます。

4 最終確認とページ削除

トピックBのURLを実際にブラウザーで表示させ、正しくトピックAに転送されていることを確認します。最後にトピックBの記事を削除します。

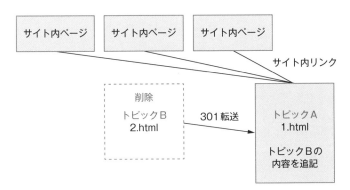

既存コンテンツの改善後には、検索エンジンがクロールして再評価します。ユーザーが満足するコンテンツであれば、検索順位も向上していきます。

クエリごとに異なる SERP要素を把握

SERP（Search Engine Result Page）はサープと読み、検索結果ページのことを意味します。SERPの中には特徴的な要素が含まれます。

表示されるSERP要素の種類

Googleは検索クエリの特徴や検索ユーザーが求める情報を理解して関連するコンテンツをSERPに表示させます。クエリの意図を理解して個々のSERP要素に最適化することでより多くのトラフィックを獲得できます。

例えば、検索ユーザーが言葉の意味を調べたい場合には、その意味を説明した特殊な要素がSERPに表示されます。

強調スニペット表示

検索ユーザーが調べたいコンテンツの対象はページだけではありません。動画コンテンツや画像コンテンツが求められている場合は、SERPに画像や動画枠が表示されます。

画像や動画掲載枠もSERPに表示される

代表的なSERP要素一覧

代表的なSERP要素は次のとおりです。SEOや広告用にリストアップしたクエリによっては、このような要素が表示されることがあります。

SERP要素	概要
強調スニペット	用語の意味や手順、項目などの簡単な質問に対する回答が表示される。
ローカルパック	地域に関連するビジネスの一部が地図とともに表示される。
トップニュース	関連するニュース記事が表示される。
サイトリンク	ブランドに関するクエリの場合に、ページと関連するコンテンツへのリンクとともに表示される。
画像	画像検索結果が一部表示される。
動画	動画検索結果が一部表示される。
カルーセル結果	回転式のコンテンツが表示される。映画や書籍、音楽、ゲームに関連するクエリで表示される場合が多い。
他の人はこちらも質問（PAA）	クエリに関連するクエリとその回答となるコンテンツへのリンクが表示される。
Twitter掲載枠	Twitterのコンテンツが表示される。リアルタイムの情報が必要とされるクエリで表示されることが多い。
ナレッジグラフ	関連する複数のコンテンツが表示される。多くの場合、Wikipediaが情報ソースとなる。
ナレッジカード	ナレッジグラフと似ているが、Wikipedia以外のソースからの統計データが表示される。
ショッピング結果	ショッピング関連のコンテンツが表示される。
ホテルパック	宿泊施設関連のコンテンツが表示される。

リストアップした検索クエリのSERP要素を調べるには非常に手間がかかります。市販ツールでは検索順位をチェックするものもありますが、SERP要素まで取得できるSERPチェッカーを使えば、調査の手間を大幅に省くことができます。

MEMO

本書で利用可能な「SE Ranking」のSERPチェッカーはこのような場合に便利なツールです。SE RankingではSERP要素という項目で、検索結果に掲載されている17種類のブロックをわかりやすくアイコン表示します。

ツールを活用したSERP要素の調査

青いアイコンは該当のSERP要素で自身のウェブページが掲載されていることを意味します。グレーのアイコンは該当のSERP要素は表示されているが自身のウェブページは掲載されていないことを意味します。

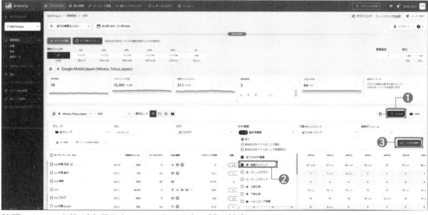

SERP要素

各SERP要素が表示されている検索クエリを一括で抽出した上で、対応するコンテンツをSERP要素に対して最適化しましょう。以下の手順で特定のSERP要素が表示されている検索クエリを一括で絞り込むことができます。

1 検索順位セクションへ移動します。
2 検索順位テーブルの右上に位置する「フィルタ」をクリックします❶。
3 「SERP要素」のドロップダウンから最適化したい要素にチェックを付けます❷。
4 「フィルタを適用」ボタンをクリックします❸。

強調スニペット枠が表示されているクエリを一括で抽出

強調スニペット表示される
クエリを確認

強調スニペットとは、言葉の意味や手順を調べる意図をもつ一部のクエリに関して、
GoogleのSERP上部に表示される専用のブロックです。音声検索の回答にも使用され
ます。

強調スニペット表示の種類

クエリの意図によって様々な種類の強調スニペットが表示されます。強調スニペッ
トに表示されれば、多くのトラフィックを得られます。強調スニペットが表示される
検索クエリをリストアップして、掲載されるようにコンテンツを最適化しましょう。

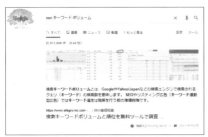

テキスト・イメージ

箇条書き (ul)

番号箇条書き (ol)

表形式 (table)

Chromeユーザーに便利なscroll-to-text機能

scroll-to-text とは、強調スニペット表示されたリンクを検索ユーザーがクリック
した後にページ上の該当箇所へ自動的に移動してハイライト表示する機能です。検

索ユーザーが必要とする目的のコンテンツに素早くアクセスできます。

クリックする

ハイライト表示される

強調スニペットの対応項目

強調スニペット表示機会を高めるには以下の項目に注意して、コンテンツを最適化しましょう。

強調スニペット枠に掲載されれば、実質的に1位のページ以上の効果があります。

▶ **オーガニック検索で出来るだけ上位表示**
オーガニック検索の順位が高いほど、強調スニペットで表示される確率も高くなります。

▶ **鮮度と正確性**
タイムリーで正確な情報を追加しましょう。

▶ **コンテンツの配置場所**
ページの下部よりも上部に配置した方が掲載される機会が増えます。

▶ **クエリを含む見出し文**
「〇〇とは？」や「〇〇の意味」など、強調スニペット対象のクエリを含む見出し (H1,H2 など) 文を作成しましょう。

▶ **答えを見出しの直下に配置**
見出しのすぐ下にクエリの答えとなるコンテンツを配置します。

▶ **適切なタグを使用**
説明文と画像のみだけではなく、手順や箇条書き、表が表示されることもあります。表であればtable、箇条書きならul、手順ならolを使用して回答となるトピックを記述しましょう。

強調スニペットは常に表示されるわけではなく、Googleのアルゴリズム変更や検索意図の変化にも影響されます。定期的に検索クエリの強調スニペット表示状況を分析して対応済みのトピックを見直し、または新たなクエリを見つけて最適化しましょう。

ローカルパックへの最適化

検索エンジンは検索クエリの意図にマッチした検索結果を検索ユーザーに提供します。特に地域に関連する検索クエリの場合は、検索エンジンは検索ユーザーが今いる地域をIPアドレスから判別し、その地域の近辺の情報を検索ユーザーに提供します。

ローカルパックとは？

ローカルパックとは、地域に関連するクエリを入力した際に、通常のGoogle検索（ユニバーサル検索）結果の一部に含まれる地図とビジネスの情報のリストです。

検索結果に関連性の高いビジネス情報が3件まで表示されます。

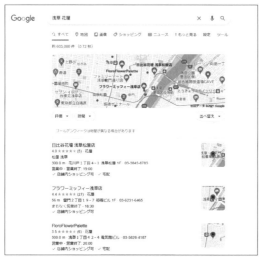

ローカルパックの表示例

既に第8章の「ローカルSEO」で説明したとおり、店舗や地域に関連するサービスを提供するローカルビジネスにとって、関連するクエリで上位表示を保つことは重要です。

自身のビジネスがローカルビジネスで無い場合や、まだローカルSEOに取り組んでいない場合であっても、念のためにSERPを分析してみてください。

もしいくつかの検索クエリでローカルパックが掲載されているようであれば、ロー

カルSEOの取り組みをもう一度確認した上で、ローカルパックでの表示機会が増えるようにGoogleビジネスプロフィールやそのほかの要素を最適化しましょう。少なくともGoogleビジネスプロフィールへの登録は行っておきましょう。

ローカルパックへの対応項目

　ローカルパックが表示されている検索クエリで、自身のビジネスを表示する機会を増やすには、キーワードを含めた説明文やコンテンツ、レビューを集めます。

　不自然な文章やユーザーにとって不要なコンテンツを追加することは避けましょう。特にGoogleビジネスプロフィールでは、ビジネス名にキーワードを含めることは禁止されていて、違反した場合にはアカウントに警告が通知され、ローカルパックで表示されなくなることもあります。

▶ **被リンク評価の蓄積**
　対象のクエリと関連した外部ウェブサイトの被リンクを獲得しましょう。地域に関連するイベントへの参加や、ローカルニュースメディアへの掲載を通して、インターネット上の知名度を高めます。

▶ **SNSを活用**
　対象のクエリに関連するコンテンツを作成して、SNSを活用して配信しましょう。共有されやすい情報をSNSで提供します。

▶ **ウェブページの最適化**
　対象のクエリで検索するユーザーにとって便利なコンテンツを用意しましょう。有益なコンテンツを作成できないようであれば、無理に対応する必要はありません。

▶ **Googleビジネスプロフィールの情報を更新**
　キーワードを含めた説明文を作成しましょう。
　可能であれば顧客にキーワードを含めたクチコミを依頼しましょう。
　定期的にキーワードを含めた文章で投稿機能を使用しましょう。

　これらの要素のほか、対象のクエリでローカルパック表示に成功している競合サイトの被リンク状況を把握して、被リンク獲得の参考にすることも効果的です。
　例えば被リンク状況をチェックすることで、競合サイトが取材を受けたメディアや毎年参加しているイベントなどの情報、地元のパートナー企業との取り組み方を学ぶことができます。
　市販のツールやSE Rankingの被リンクチェッカーで分析することができます。

トップニュース／
サイトリンクの対応

Googleの検索結果内では、強調スニペットやローカルパック以外にも特殊な掲載用の
ブロックがあり、今後も追加されていきます。ここでは主要なSERP内の要素を確認
します。

トップニュースへの対応

ニュース性の高い信頼できるコンテンツがトップニュース枠に掲載されます。

かつてはAMP対応のページが掲載条件の一つでしたが、ページエクスペリエンス
アップデート後は、Googleニュースポリシーに沿ったコンテンツであれば掲載され
る可能性があります。

トップニュース枠は、検索規模の大きいビッグワードで比較的掲載される機会が
多いため、無視できない存在です。

専門的なコンテンツを配信している場合には必ず対応しておきましょう。

Google ニュースのポリシー

https://support.google.com/news/publisher-center/answer/6204050

ニュースメディアを運営しているのであれば、パブリッシャー センターに登録し
ておきましょう。

パブリケーションを設定する

https://support.google.com/news/publisher-center/topic/9545396

≡ サイトリンク

サイトリンクは、主にブランドや社名で検索された場合に表示されます。ユーザーが必要とするページをGoogleのアルゴリズムが自動的に判断して表示します。

サイトリンクはGoogleのアルゴリズムで自動的に決定されるため、確実にコントロールする方法はありません。

稀に不自然な名称のサイトリンクが設定されてしまう場合もあります。その場合はナビゲーションメニューやメニュー画像のalt属性をチェックしましょう。

サイトリンクの名称は、メニューの名称やタイトルタグ、ページの見出しが使用されます。

Hタグを使用していなくても見出しのように見える箇所がサイトリンクに使用される場合もあるのでご注意ください。

サイトリンクは検索結果のファーストビューを大きく占有します。社名やブランド名で検索された場合に、サイトリンクが表示されていれば、SERP上のほかのウェブサイトへのクリックを抑えることができます。

Googleマイビジネスへの登録や、ブランド名や社名をターゲットとした検索広告も活用して、検索結果のファーストビューを100%占有し、競合商品へのブランドスイッチ（顧客が競合製品に乗り換えてしまうこと）の機会をできるだけ減らしましょう。

11 | 画像・動画への対応

SERPに画像や動画ブロックが表示される場合もあります。Googleはクエリ別に検索ユーザーの意図を把握し、最適な結果を提示します。検索ユーザーの意図を推測して関連する画像や動画コンテンツを追加して最適化しましょう。

画像

画像検索結果は人物や商品、動物など様々なクエリで見かけます。画像をクリックするとその画像が掲載されているページのタイトルやそのほかの関連画像が表示され、更にタイトル部分をクリックするとその画像が掲載されているウェブページが表示されます。

該当するクエリに対して画像を最適化することで、表示の可能性が高くなります。代表的な最適化項目は以下のとおりです。

▶ alt属性
▶ タイトル属性
▶ 適した画像サイズ
▶ SEOフレンドリーなURL

強調スニペット枠にも画像や動画が掲載されることがあるため、見逃さずにチェックしましょう。

動画

クエリによっては動画検索結果の一部がサムネイルやタイトル、説明、公開日、再生時間、アップロードしたアカウント名とともに掲載されます。多くはYouTubeなどの大規模な動画共有サービスからの情報が表示されます。

▶ 動画

 「オオカミ犬」逃走で捕獲作戦 50人態勢で囲い込み(2021年6 …
YouTube・ANNnewsCH
23時間前

 犬のお散歩マナーについて
YouTube・SapporoPRD
2020/09/23

 「3万いいね」の秋田犬 話題呼んだ子犬 現在は
YouTube・FNNプライムオンライン
1か月前

→ すべて表示

企業のYouTubeアカウントを作成して、詳しいプロフィールや動画情報を追加しましょう。YouTubeの動画コンテンツを掲載する場合には、次の要素を最適化します。

- ▶ タイトル
- ▶ 説明文
- ▶ ハッシュタグ
- ▶ プレビュー
- ▶ 説明文内にあなたのウェブサイトへのリンクを追加
- ▶ タイムラインの設定
- ▶ 該当するページに動画を埋め込み表示

Googleは検索ユーザーの行動を理解して、検索結果に最適なSERP要素を提供します。例えば、最初は画像や動画枠が検索結果に含まれていないクエリでも、一定以上の検索ユーザーがそのクエリで検索した際に画像や動画タブをクリックするようであれば、GoogleはSERPに画像や動画枠を掲載した方が良いと判断するようです。

カルーセル結果への対応

カルーセルとは遊園地のメリーゴーラウンドのようにくるくると結果が回転して掲載される枠のことを指します。映画や書籍、音楽、ゲームに関連するクエリで表示される場合が多いです。

カルーセル結果

　カルーセルに表示される項目の中から一つの選択肢をクリックすると、より絞り込まれたクエリの検索結果が表示されます。

　例えば、「犬 種類」で検索すると、カルーセル内に「ゴールデン・レトリバー」というクエリと画像が表示され、クエリを更に絞り込むことができます。

　同じく「ディズニー映画」で検索すると、「ダンボ」がカルーセルに含まれます。

　カルーセルの中には、あなたのウェブサイトが上位掲載されているSERPを含んでいる可能性があります。

　カルーセルに掲載されている複数のクエリが、自身のビジネスと関連している場合には、クエリリストにそれらを追加して最適化しましょう。

犬種によるカルーセル表示

ディズニー映画のカルーセル表示

カルーセルを監視する理由

SERPの調査では、検索結果にあなたのウェブサイトが含まれていることをチェックするだけでなく、クエリ別にGoogleが掲載している要素を把握することは大切です。

例えば、人気Androidゲームに関する記事で特定のクエリで上位10位以内に表示されているとします。

もし同じSERP上でカルーセルが表示されているとしたら、検索結果から多くのユーザーがカルーセルに表示されているそのほかのクエリに流れていってしまいます。

急にカルーセルが表示されるようになった場合、あなたの記事の検索トラフィックに大きな影響を与えます。

このような理由から、カルーセル表示の有無を監視するということには意味があります。

カルーセルは、ビッグワードなど抽象的な検索クエリが入力された際に表示されます。検索ユーザーはより明確に結果を絞り込むためにカルーセルを利用します。

かつては競争の激しいビッグワードで上位表示されることで、大きなトラフィックを獲得できていましたが、検索時のオートコンプリートや、関連キーワードの表示、カルーセル表示、「他の人はこちらも検索」といった機能が追加されてきたことで、ビッグワードの上位表示効果は今後も徐々に薄れていくものと推測されます。

13 他の人はこちらも質問(PAA)への対応

「他の人はこちらも質問」枠は元のクエリと関連する質問のリストが表示され、質問を展開すると別のページへのリンクやタイトル、説明が表示されます。

他の人はこちらも質問(PAA)

強調スニペットはSERP上部に表示される一方で、「他の人はこちらも質問」枠は検索結果の様々な箇所で表示されます。

強調スニペット

PAA

Googleはこの要素内に表示させる方法についてはいつものように公表していませんが、「他の人はこちらも質問」に含まれる質問のクエリで強調スニペット表示を達成していれば掲載される可能性は高まります。

「他の人はこちらも質問」のクエリも SE Ranking などの SERP チェッカーに追加し、継続監視しておくと良いでしょう。

Google の動画説明によると、コアアップデートにより頻繁に変更される要素でもあるようです。

コアアップデートとは

Google は1年間に数回の頻度でコアアップデートと呼ばれる検索アルゴリズムとシステムに大規模な変更を加えています。また、影響の範囲が大きく、広いため、コアアップデートの実施については事前にGoogleのTwitterアカウント (Google SearchLiaison) を通してアナウンスしています。

他の人はこちらも検索ブロック

類似する SERP 要素として「他の人はこちらも検索」というものもあります。

これは、SERP 経由で訪問したページを表示した後に、再び SERP に戻った場合に表示されるブロックです。

回答やタイトル、リンクなどは含まれず、表示されている候補の検索クエリをクリックすると再検索します。

```
https://www.allegro-inc.com › search-engine-optimization ▾
Googleの SEO対策の基本をわかりやすく解説 - アレグロ ...
8 ステップ · 7 日
1. 商品やサービスを導入して欲しい顧客像を具体化します。年齢や性別、企業向けの商品で...
2. 顧客像から検索に使用しそうなキーワードを選定します。「キーワード調査 & サジェスト...
3. キーワードごとにコンテンツを作成するか、ビッグワードを対象に複数のキーワードに対...

他の人はこちらも検索                                                    ×

seo 対策 自分で      seo対策 google
seo対策 費用        seoとは
seo対策 会社        seo対策 無料
```

検索ユーザーが探していた情報を見つけることができなければ、SERP に戻ります。そして、次に検索される可能性のあるクエリを検索ユーザーが入力せずに済むようにGoogleは予測して、表示させています。

特に注力しているクエリやコンテンツの場合には、「他の人はこちらも検索」に表示されているクエリをチェックした上で、コンテンツ内に不足している可能性の高いトピックが含まれていないかを再度確認してコンテンツを強化しましょう。

Twitter／ナレッジグラフ／ナレッジカードへの対応

GoogleのSERPはウェブサイトのページだけを表示するだけではなく、場合によってはTwitterのツイート内容やWikipediaからの情報を含むナレッジグラフ、統計データを示すナレッジカードなど、外部ソースの情報をSERP上に直接表示することもあります。

Twitter掲載枠

GoogleはTwitterとのパートナーシップを発表しています。これにより全てのツイートをインデックスして検索結果に表示するようになりました。

個人やブランド、リアルタイムの需要が強いクエリに関しては、最新のメッセージがTwitter掲載枠に表示されることがあります。企業や著名人が活動的にツイートすると、オーガニック検索エリアにTwitter枠が表示される可能性があります。

あなたのブランドクエリでTwitter枠を表示させるには、Twitterプロフィールを詳しく記述する必要があります。この枠はクエリと関連する投稿を表示し、あなたをフォローしていない人々のために、フォローをおすすめします。定期的な投稿、フォロワーの成長がTwitter掲載枠の表示の鍵を握ります。

ナレッジグラフ

ナレッジグラフはクエリのテーマに関する役立つ情報を提供する特別なブロックです。ほとんどの場合でGoogleはWikipediaのデータからユーザーに役立つ追加情報を表示します。例えば、「七人の侍」で検索すると、映画に関する情報だけでなく、黒沢明監督のそのほかの映画も表示されます。商用価値のあるクエリでも表示されることがあります。

ナレッジグラフに掲載する方法についてはGoogleの言及はありません。以下の方法が利用できるものと推測されます。

1 あなたの企業のWikipediaページを作成します。既にあなたのブランドの知名度があり、ナレッジグラフで要求される情報がページに含まれている場合に、ナレッジグラフボックスで表示される可能性があります。

2 画像も掲載され、画像経由でウェブサイトへアクセスすることもできます。商用価値のあるクエリに対して画像を最適化することで、それらの画像もあなたのウェブサイトへのリンクとともにナレッジグラフボックスに掲載される可能性があります。

既にあなたのウェブサイトがナレッジグラフに掲載されている場合には、認証手続きとともにあなたのSNSページへのリンクも追加できます。

ナレッジカード

ナレッジカードはクエリについての役立つ情報を提供する検索結果の上部に個別に表示されるブロックです。

ナレッジカードはナレッジグラフと似ていますが、異なった働きがあります。

第一にナレッジグラフは、主にWikipedia (あるいはCIA World Factbookや Freebase) の情報を掲載しますが、ナレッジカードはWorld Bank や The Sky scraper Center といった特別なデータベースからの情報が掲載されます。

第二にナレッジカードはグラフにカーソルを合わせ、数値を詳しく見ていくことができます。例えば、以下の図のカードでは、様々な観点でグラフの値を比較できます。

実際に、このようなブロックは、クエリに関して様々な情報が含まれてしまうため、検索ユーザーがその先のオーガニック検索結果まで情報を探すことはめったにありません。

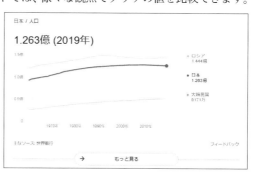

Search Consoleを確認して、このクエリでのクリック率が低い場合には、SEOで注力すべきターゲットキーワードから除外しても良いでしょう。

ショッピング結果／
ホテルパックへの対応

ショッピング結果もホテルパックもトランザクショナルなクエリで表示されるケースが多い重要なブロックです。商材を多く扱うECサイトや、宿泊施設の予約に関連するウェブサイトの場合には、最適化することで売り上げに直接影響します。

ショッピング結果

ショッピング結果は、様々な商品を含むカルーセル型のカードが表示されます。検索ユーザーは商品を探し、検索結果の1ページ目で価格を直接比較することができます。特定のモデルや商品カテゴリーに関わらず、商用価値のあるクエリで表示される傾向が強いです。

各カードには、写真や商品名、価格、販売店といった購入者の意思決定に重要な基本情報が含まれます。

ショッピング結果枠ではコンテンツ広告ポリシーに基づく商品が表示され、クリックするとショップのウェブサイトへ移動します。表示される機会を増やすには、Google広告とMerchant Centerのアカウントが必要です。

Merchant Center

https://www.google.co.uk/retail/

次の3つのステップで、Merchant Centerでキャンペーンを開始します。

1 アカウントを作成してGoogle広告に接続し、ウェブサイトの管理権限を確認します。登録の詳細な手順や、プロフィール作成の条件についてはこちらをご覧ください。

https://support.google.com/merchants/answer/188924

2 フィードを用意します。必要な全てのデータを提示した商品リストです。

https://support.google.com/merchants/answer/7052112

3 フィードを追加して適切に運用します。

2020年10月から全世界でショッピング検索や画像検索、ユニバーサル検索結果内のショッピング検索枠で商品の無料掲載が開始されています。無料掲載に関してもMerchant Centerの登録は必須条件です。

また、2022年から「ブランドで絞り込む」「人気商品」といったクエリリファインメント（絞込検索）が追加されています。

ホテルパック

ホテルパックは、場所と宿泊施設を含むクエリで検索した場合に表示される特別なブロックです。もともとは広告枠のみでしたが2021年3月に無料での掲載もはじまりました。広告を購入すれば上位の枠に掲載されます。

宿泊施設の情報を掲載するには、「ホテル向けビジネス プロフィールのスタートガイド」の手順に沿って情報を管理しましょう。無料枠だけでなく広告も効果的です。

ホテル向けビジネス プロフィールのスタートガイド

https://support.google.com/business/answer/9177814?hl=ja

SEOに関する問題が発生したら

アレグロマーケティングに問い合わせをされる方の中には、SEOに関する問題が発生してしまい、原因がわからずに藁にも縋る思いで質問される場合もあります。
その多くはGoogleの主導による対策の影響ではなく、ウェブサイトで誤った設定を追加してしまったことが原因だったりします。

制作会社さんの場合には、リニューアル後にトラフィックが大幅に減ってしまったりすることもありますが、多くの場合はサイト移転手続きを行っていなかったり、URLの構成が変わっているにも関わらず301転送を行っていなかったり、単純にnoindexが追加されていたりといったことが原因です。

このような問い合わせの場合には、目視でページのソースコードやHTTPヘッダを見た上で、サイトSEO検査でチェックします。
それでもわからなければ、archive.orgで過去のウェブサイトの状態を見て、変更点も確認しながら詳しく調べていき修正します。
URLは変わらずにJavaScriptで動的に生成されるページや、Cookieをもとにページを生成するウェブサイトもありましたが、このようなケースは非常に稀でしょう。
その後は、自身の管理するウェブサイトやパートナー、クライアントの重要ページに関しては、毎日監視するようにしています。
もちろん目視で監視すると稼働時間が増えてしまうため、このような場合にはSE Rankingの「サイトSEO検査」内にある「ページ変更検知」を使っています。
ページ単位で登録し、SE Rankingが毎日ページの状態を監視し、変更があれば変更点を表示し、Eメールで通知してくれます。

第 **12** 章

そのほか定期的に監視すべき
指標と施策への応用

SEOは継続的な施策のため、定期的なチェックと分析は必要不可欠
です。
ルーティンな作業となるため、効率化を図るよう可能な範囲でツー
ルを活用して自動化しましょう。

セールスファネルで定義した目標の実績を毎月把握する

第5章のSection03で定めた目標とその実績はレポートとして月次に集計して管理しましょう。レポートはExcelも良いですがGoogleデータポータルを使って自動的に集計値を表示すると効率的です。

セールスファネルに割り当てた目標値

第5章のSection03のセールスファネル例をもとに確認しましょう。

見込み客との接点(Googleアナリティクスの新規ユーザー数)

見込み客獲得(無料トライアル申し込み数)

見込み客育成(活用方法説明件数)

顧客へ転換(購入件数)

顧客維持とロイヤリティ改善
(アップグレード件数)

Googleデータポータルとは?

GoogleアナリティクスやSearch Console、そのほかSE Rankingの外部ソースのデータなども含めて共有可能なレポートを作成できる無料のサービスです。

以下のページにアクセスして様々なデータをリアルタイムに評価できるようにしましょう。

データポータルへようこそ

https://support.google.com/datastudio/answer/6283323

見込み客との接点

Googleアナリティクスの新規ユーザー数やセッション数が該当します。Googleデータポータルで以下の例のように時系列で評価できるようにしましょう。

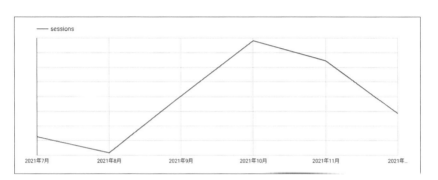

見込み客獲得・見込み客育成

無料アカウント作成や資料ダウンロード、体験申し込みなどGoogleアナリティクスで設定したCV（目標）の件数が該当します。

こちらもGoogleデータポータルを使って時系列で評価できるようにしましょう。

顧客へ転換

申し込み件数、注文件数など、売り上げに関する値が該当します。

こちらはGoogleアナリティクスで計測できていればその値を、ほかのサービスで集計している場合にはその値をGoogleデータポータルで表示し、評価できるようにしましょう。

顧客維持とロイヤリティ改善

ユーザーの2回目の注文やサービスの更新など、再購入件数が該当します。

こちらもGoogleアナリティクスで計測できていればその値を、ほかのサービスで集計している場合にはその値をGoogleデータポータルで表示し、評価できるようにしましょう。

作成した重要ページの
ユーザー行動を分析する

作成したページの検索パフォーマンスやユーザー行動は定期的に分析するようにしましょう。重要なページの場合には、ユーザーの行動を注意深く観察し、改善につなげていくことが大切です。

ページを起点にファネルの目標と実績を把握する

　ページ別でも同様に、セールスファネルの実績値を確認しましょう。少なくとも重要なページや、作成したばかりのコンテンツに関してはその成果を確認します。

　検索順位やセッション数に固執しすぎないようにしましょう。最終的な目標は注文件数や金額を増やすことです。
　セッション数や検索順位は最終目的ではありません。
　特に組織でSEOに取り組む場合、成果指標を誤って定めてしまうと、現場が行う施策も誤った方向に進んでしまいます。
　例えば、トラフィックを増やすことを目標に定めてしまうと、検索ユーザーの購買意識が低く、検索ボリュームだけが大きい検索クエリも最適化の対象に含まれてしまいます。仮に上位表示を達成して多くの集客を獲得したとしても、収益には結びつきません。

　また、検索順位を成果にしてしまえば、組織内で評価されるために競争が少なく誰も検索しないようなクエリを現場の作業者があえて最適化対象に含めてしまうこともあるでしょう。この場合は、SEOで順位を上がったとしても、収益に結び付くことはほぼ無いでしょう。

　一方で特定のクエリの検索順位が1位から3位に下がったとしても、そのクエリ経由の見込み客や注文件数、収益が増えているようであればそれは成功と言えます。

ページ単位でユーザー行動を分析する

　上位に掲載されているページや、重要なページに対してSEOを行う場合には、ページ単位でユーザー行動に関する指標を詳しく把握するようにしましょう。

Google は SERP 上のユーザー行動データや、ブラウザーから取得するユーザー行動のデータなどから、ユーザー体験の向上につながる指標を探し、ランキングファクターに使用しています。既に様々なプロセスで AI（人工知能）や ML（機械学習）を使用しています。

Google がユーザー体験を重要視している以上、ウェブサイト管理者やコンテンツ作成者も同じように Google アナリティクスなどから計測可能な指標を最大限活用して優れたユーザー体験を提供していく必要があります。

2023 年にユニバーサル アナリティクスではデータの処理が行えなくなります。ブラウザ側でも Cookie によるユーザー行動の計測を行えなくする動きが高まるため、GA4（Google Analytics 4）の活用も早めに検討した方が良いでしょう。

平均エンゲージメント時間

GA4 で確認できます。ユーザーエンゲージメントの合計時間をアクティブユーザー数で割った値です。

スクロール率の月次推移を確認

ユーザーが各ページの最下部まで初めてスクロールしたとき（垂直方向に 90% の深さまで表示されたときなど）に記録されます。

GA4 の測定機能の強化を有効にすることにより標準で収集されます。ユニバーサルアナリティクスの場合はタグマネージャーを使う方法が一般的です。

動画視聴の月次推移を確認

「[GA4] 測定機能の強化イベント」によれば、JavaScript API サポートが有効になっている埋め込み YouTube 動画で、以下のイベントが記録されます。

- ▶ video_start: 動画の再生が開始されたとき
- ▶ video_progress: 動画が再生時間の 10%、25%、50%、75% 以降まで進んだとき
- ▶ video_complete: 動画が終了したとき

GA4 の測定機能の強化を有効にすることにより標準で収集されます。

[GA4] 測定機能の強化イベント

https://support.google.com/analytics/answer/9216061

ブランド検索と ノンブランド検索推移

企業名や商品名、サービス名、ブランド名などで検索される機会が増えるということは、それらの認知度が高まっていることを意味します。ブランド検索とノンブランド検索の回数や割合を把握して、検索上でのブランド認知度を評価しましょう。

ブランド検索とノンブランド検索数と割合を把握

第3章のSection04で既に説明したとおり、クチコミや商品の質によってブランド検索の回数や割合は変化します。また、サービスによっては、ブランド検索が増えるということは、ロイヤルカスタマーが増えていることも意味します。

MEMO

例えばFacebookやAmazon、楽天のウェブサイトへ移動する際に、ブランド名で検索している方も多いはずです。ブックマークからこれらのウェブサイトへ移動する事もありますが、利用するウェブサイトが増えれば、ブックマークから選んで移動するよりも検索して移動した方が早い事の方が多いです。

ブランド検索とノンブランド検索のインプレッション数とクリック数の月次推移を把握することは、現在の施策や商品の価値を評価する際に役立ちます。

この場合もGoogleデータポータルが便利です。データを視覚化する際の設定に多少時間は必要ですが、一度設定してしまえば後はアクセスするだけで最新のデータが表示されるようになります。

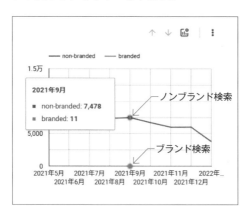

MEMO

ブランド検索とノンブランド検索の割合に関しては、最適な割合や推奨値というものはありません。例えばブログ記事によるオーガニック検索に依存しているウェブサイトの場合には、圧倒的にノンブランド検索の割合が高くなります。

認知を広げたい独自の商品カテゴリ名の検索回数と割合も把握

ブルーオーシャン戦略の場合には、ブランドワードの認知を上げる取り組みに加えて、意図的に設定した独自の商品カテゴリ名やジャンル名も含めて認知を広げていく方法もあります（※本書の第13章で説明します）。

MEMO
> 例えば、iPhoneは携帯電話という既存のカテゴリ名ではなく、スマートフォンというカテゴリ名とともに認知されていきました。

ブランドクエリと同様に、独自に設定した名称が検索される回数についても、月次の推移を把握するようにしましょう。

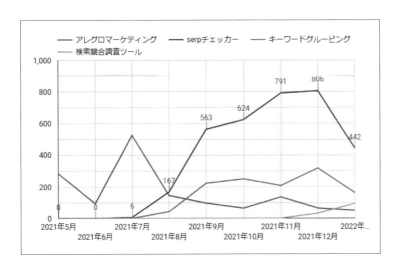

現在のプロモーション施策が適切かどうか、見込み客の獲得や集客の向上に貢献しているかを評価しましょう。

MEMO
> FacebookやAmazon、楽天のウェブサイトへ移動する際に、ブランド名で検索している方も多いはずです。
> ブックマークからこれらのウェブサイトへ移動することもありますが、利用するウェブサイトが増えれば、ブックマークから選んで移動するよりも検索して移動した方が早いことが多いでしょう。

04 | ウェブサイトの健全性を 定期的に監視

ウェブサイトの修正が原因で、予測できない問題が発生することもあります。素早く対応できるように、担当するウェブサイトを定期的に監視し、新規や既存の問題点を素早く把握できる体制を整えましょう。

無料・有料ツールで定期的にウェブサイトを監視

　既に本書で解説してきたとおり、Search Consoleの「カバレッジ」を確認することで、現状の問題点を簡単に把握することができます。また、セキュリティの問題や、手動による対策を含む致命的なエラーが発生した場合には通知が届きます。

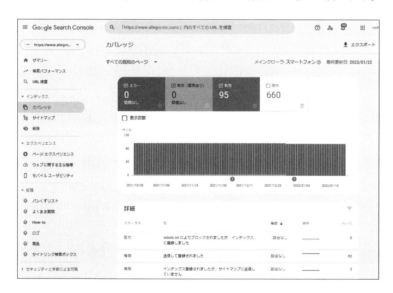

　ただし、問題点に関する詳細な情報や、ユーザー体験に影響する小規模な問題については「カバレッジ」では提供されていません。

　コンテンツの重複や、アウトバウンドリンクのリンク切れ、ウェブサイトで使用しているCSSやJavaScriptのリンク切れ、TitleやDescriptionの重複、リダイレクトチェーン、alt属性の指定漏れなども可能な限り把握しておいた方が良いでしょう。

　総合的にウェブサイトの健全性を監視する場合には、市販のツールを活用すると便利です。定期的に、効率的に問題点を管理して修正していくことができます。

SE Rankingのサイト SEO検査でサイトの健全性を保つ

SE Rankingのサイト SEO検査を使用すれば、ウェブサイト全体の問題点を一括で抽出してくれます。このツールを活用するメリットは以下のとおりです。

- ▶ ウェブサイトの全てのページを巡回して分析
- ▶ 問題点を検出し、修正アドバイスを含むレポートを作成
- ▶ 定期的なチェックの自動化
- ▶ 修正の履歴がわかる

ページ単位でキーワード最適化度合を調べるツールは多く存在しますが、SE Rankingの「サイト SEO検査」の「問題点レポート」ではサイト全体のページを巡回して問題点を一括抽出してくれます。

問題点は需要度によって「エラー」「注意」「通知」の3つに分類されます。

サイト SEO検査は、検査の頻度を自由に設定できます。月や週ごとに自動でウェブサイトを巡回して、問題点を抽出してくれます。

「クロール比較」サブセクションへ移動すれば、過去の状況と現在の状況を比較して、修正された箇所や新たな問題点を細かく把握できるようになっています。

競合サイトのオーガニック
トラフィック状況を把握

一般的に競合ウェブサイトの実績は正確に把握することはできませんが、検索クエリの順位と検索ボリュームがわかれば、そこからオーガニック検索トラフィックを推測することはできます。

競合サイトを定期的に分析する

クエリリストを作成する際に競合調査ツールの使い方を説明しました。

このツールは、様々なクエリの順位や掲載URL、検索ボリュームのデータを収集して、データベースから必要なデータを取り出すことができます。

調査は一度行えば良いというわけではありません。

検索結果上では、ライバルも頻繁に入れ替わることは多く、上位に掲載されているウェブサイトも虎視眈々と新しい施策を展開してきます。

少なくとも半年に一度は、新たな競合サイトや、上位表示を維持している既存の競合サイトを分析しましょう。

クエリリストをもとに新たな競合サイトを発見

SE Rankingで検索順位セクションに登録されているクエリリストで上位掲載されているウェブサイトのうち、ヴィジビリティが高い順に競合サイトをリストアップできる「競合」機能があります。

ヴィジビリティとは？

登録している全てのキーワードのオーガニック検索結果で、ウェブサイトが獲得しているインプレッションの割合です。ヴィジビリティが高いほど、リスト内のキーワード全体で多くのインプレッションを獲得していることを意味します。

以下の手順で確認できます。

1 左メニューから自身のプロジェクトの「競合」セクションへ移動します。
2 同じく左メニューの「ヴィジビリティ評価」サブセクションへ移動します。

3 以下のようにヴィジビリティ順にライバルサイトが一覧表示されます。獲得被リンク数の値も確認できます。

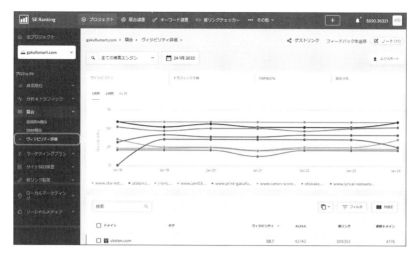

新たな競合サイトが登場していないか確認しましょう。

競合サイトのオーガニック検索トラフィックや履歴を確認

SE Rankingの画面上部のメニューから「競合調査」ツールを選択して、競合サイトのオーガニック検索トラフィック状況を確認しましょう。

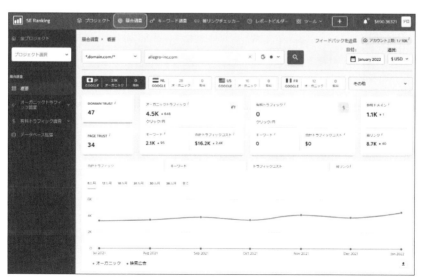

大幅にトラフィックが伸びている月がある場合には、「日付」のプルダウンから
その月を指定することで、その月のデータを詳しく分析できます（履歴データは
Businessプラン以上で利用可能な機能です）。

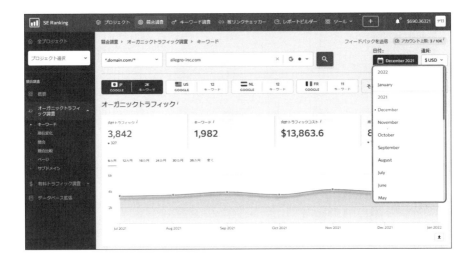

　左メニューの「オーガニックトラフィック調査」→「キーワード」をクリックすると、
大幅に順位を改善したクエリや新規のクエリを確認することができます。

　分析結果をまとめ、あなたの担当しているウェブサイトで利用可能なクエリかど
うか検討しましょう。
　同様に競合の被リンク獲得施策も調査しましょう。SE Rankingの「被リンクチェッ
カー」を利用すると便利です。

競合サイトの検索広告トラフィック状況を把握

検索広告の運用とSEOはどちらも検索クエリに基づく施策ですが、どちらか一方のみを行っていれば良いというものでもありません。競合サイトの検索広告の詳細を分析し、競合の戦略を参考にして、あなたの施策にも応用しましょう。

競合サイトの検索広告を調べる方法

SE Rankingの競合調査ツールを活用することで、競合サイトの検索広告に関する情報を調査することができます。

競合が検索広告を特定の地域のみに限定して運用している場合には、検索広告に関するデータは表示されませんのでご注意ください。地域を制限せずに日本国内の全地域をターゲットに表示されている検索広告のデータであれば分析可能です。

以下の手順で競合の検索広告を調べます。

1 SE Rankingにログインし、上部メニューの「競合調査」をクリックします。

2 競合ドメインを入力して「分析する」ボタンをクリックします。

3 左メニューの「有料トラフィック調査」→「キーワード」を選択します①。

新たに検索広告に追加されたキーワードと広告文を把握しましょう。

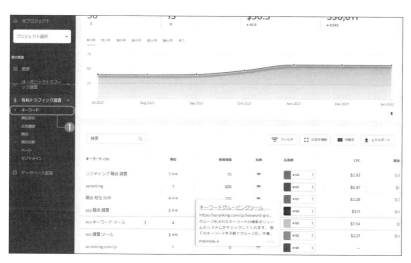

競合の広告履歴から収益性の高いキーワードと広告文を把握する

SE Rankingの競合調査ツールの「広告履歴」サブセクションをクリックすること
で❶、掲載クエリと広告文の変化を時系列で把握することができます。

長期間運用している広告キーワードと広告文は、競合サイトにとって収益性の高
いものであると推測することができます。

競合が長期的に運用しているクエリのリストに一通り目を通し、あなたの検索広
告の対象クエリと比較して漏れがあれば、あなたの施策でテストしてみましょう。

同様に重要なクエリに関しては、複数の競合の広告文とあなたの広告文を比較して、
検索ユーザーに競合よりも魅力的な内容となっているかどうかを確認しましょう。

具体的には該当のクエリで実際の検索結果を表示させて競合の広告文を見るほか、
SE Rankingの「キーワード調査」ツールで該当のクエリの「広告履歴」セクションに
アクセスします。

広告文のデータは簡単にエクスポートできるため、広告運用の担当者とデータを
共有することもできます。

検索広告からの
フィードバック

検索広告と SEO は別々のチームで運用することが多く、双方の情報はあまり共有されることはありません。ここでは検索広告で得られる情報を SEO に活用する方法について説明します。

Google 広告の検索語句レポートの分析結果を共有

対象クエリのリストは SEO と検索広告のどちらのチームにも存在するはずです。

Google 広告の検索語句レポートをもとに、できれば月に一度ミーティングを行って、表示回数やクリック数、CV 数、CPA など広告の観点で評価したクエリリストを共有するようにしましょう。

例えば検索広告チームにとっては、表示回数とクリック数、CV が多く、CPA が高いクエリは慎重に運用する必要があります。

この場合広告のコストが高いため、広告を継続するかどうかはサービスや商品の利益に依存します。一方で SEO によって上位表示されればクリックの費用は一切かからずに、多くの CV を獲得できます（※もちろんコンテンツ制作に対する費用や労力はかかります）。

次のようなレポートは SEO でも必要なデータです。CV を獲得した新規クエリがあった場合、新たな対象クエリとして既存ページの最適化を行うか、新規ページで対応するかを検討しましょう。

- ▶ レポート月で CV を達成したクエリのリスト
  - ・既存クエリ（過去に実績のあるクエリ）
  - ・新規クエリ（新規のクエリ）
- ▶ 新たにテストしたクエリのパフォーマンス

拡張テキスト広告の広告文のパフォーマンスを共有

クリック率やコンバージョン率の高い広告タイトルや説明文に注目し、情報を共有しましょう。Google 広告の「広告と広告表示オプション」→「広告」でパフォーマンスを確認できます。

広告		リック数	表示回数	クリック率	平均クリッ・	↓ 費用	コンバージ
合計: すべての広告（削除済みを除く）⑦		373	9,176	4.06%	¥161	¥60,110	26.00
●	キーワードグルーピングツール｜キーワードをツールでグループ化｜検索ワードグルーピングツール 他 5 個 www.seranking.com 素早く正確にキーワードをグルーピングする高度な機能。数千のキーワードを手動でグループ化。作業が数分以 内で完了します。 他 1 個 アセットの詳細を表示	58	5,131	1.13%	¥230	¥13,345	3.00

トランザクショナルクエリのTitleやDescriptionの改善に役立てましょう。

オーディエンスの属性を共有

　広告グループ別に検索ユーザー
が使用しているデバイスやオーディ
エンスの属性、表示回数、クリック
数、コンバージョン数の指標もSEO
チームと共有しましょう。

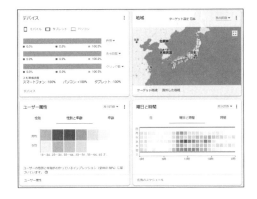

　検索ユーザーの特徴をクエリ別に理解することで、コンテンツの改善や見込み客
獲得に役立ちます。

必要な情報をSEOチームにリクエストする

　検索広告は検索結果に素早く掲載することができるため、SEOと比べてテストが
行いやすい施策です。

　両方のチームの連携がとれていれば、例えば広告チームで新たなクエリや広告文
でテストを行い、その結果をもとに既存コンテンツの改善や新規コンテンツ追加を
行うべきか判断できます。

　その後SEOを行い、オーガニック検索の集客が増えて収益につながるパターンが
見つかれば、そのランディングページをSearch Consoleを使って分析することで、
新たな関連クエリを発見することもできます。

　検索広告のターゲットクエリを拡張して見込みの高い新たなキーワードを見つけ
ることができるほか、CVの多いページの訪問者に対してリマーケティング広告を実
施する事もできます。

SEOからのフィードバック

SEOと広告チームが連携することで、検索エンジンを活用したプロモーションをスムーズに行い、ビジネスを成長させていくことができます。ここでは、SEOから広告チームに提供する内容と、各チームの特徴について説明します。

対象月でCVを獲得した新規や既存コンテンツを共有

CVにつながったオーガニック検索のランディングページをリストアップしましょう。
GA4では左メニューの「ライフサイクル」→「エンゲージメント」→「ページとスクリーン」から、「ユーザー獲得」の「最初のユーザーのメディア」表示列を追加します。

GA4の「ページスクリーン」

GoogleアナリティクスやSearch Consoleの場合、CVにつながったクエリを追跡することはできませんが、CVに貢献しているランディングページをSearch Consoleを使って分析し、そのページで獲得しているクエリ一覧を把握することはできます。
以下のセクションは共有する内容の一例です。

▶ レポート月でCVを達成したオーガニック検索のランディングページ
　・既存クエリ（既存のクエリ）
　・新規クエリ（新規のクエリ）
　・ランディングページ自体のデータとTitleとDescriptionの文章

検索広告で見落としてしまっているクエリを見つけることができます。
その上、CVに貢献したオーガニック検索のランディングページにアクセスした訪問者に対してリマーケティング広告を実施することもできます。

検索広告チームへのリクエスト

SEOチームが注力したい新しいクエリと広告文を広告チームに伝え、検索広告の

広告予算を割ける範囲内でテストしてもらいましょう。

コンテンツ作成にも労力がかかりますので、事前に調査が行えれば効率的です（上位表示された際の見込みも立てやすいでしょう）。

SEO／広告の特性を理解して連携する

単純に見込み客の獲得という目的だけに絞って考えると、SEOはリスティングよりも不確実で、予測が難しいといえます。

企業内でSEO専門チームを立ち上げてタスクを実行しているケースはまだ少ないようです。その理由としては、検索広告チームと比較され、精度の高い見込みや短期間での収益が求められるからではないかと思います。マネジメントの観点でも計画しやすく、軌道修正しやすい方が安心です。

以下の表は両方の施策の特性を比較したものです。

	SEO	検索広告
対象クエリ	情報収集	購入や申し込み
対象ページ	まとめや解説コンテンツ ソリューション提供	商品ページ、カテゴリ一覧、専用LP
費用	コンテンツ作成の費用	クリック費用
掲載ページ	コントロールが難しい	指定できる
インプレッション	上位掲載が必須	費用を払えば数日以内に掲載される
ターゲティング	ローカルSEOで地域に対応する事は可能だが、それ以外はできない	時間帯、地域指定可。効果的でなければすぐに広告を停止できる。入札単価や広告品質を上げれば順位はコントロールしやすい
順位決定要素	キーワードの意図、コンテンツの質、ページランクなど200以上のシグナル	入札単価、広告の品質、広告フォーマット

SEOに求められる役割

検索広告と比較すると、SEOに求められる役割はより広範囲です。

▶ 質の高い新規顧客の開拓（営業部門と共有）

▶ ユーザーフレンドリーなウェブサイトやサービスの提供（エンジニアと共有）

▶ 顧客ロイヤリティ改善とサポート負荷軽減（サポート部門と共有）

▶ 検索需要や競合の調査（商品開発やマーケティングと共有）

様々な部門との連携が必要なため、組織内の協力なしでは円滑に施策を行えません。

Section

09

定期的なレポートは
自動化して効率化

組織的にSEOに取り組んでいる場合、情報共有のためのレポートは必要不可欠です。様々な部門からレポートを要求されるようになると、レポート作成の稼働時間は膨れ上がり、作業効率は低下してしまいます。

レポートビルダーの活用

　手動でレポートを作成しているエージェンシーによっては、顧客のレポート作成に1人あたり平均で1日以上稼働しているケースもあります。

　SE Rankingのレポート機能を使えば、社内や社外に対して定期的に自動でレポートを作成し、効率的に情報を共有することができます。

　エージェンシーであればクライアント向け、社内であれば上長向け、現場スタッフ向けと様々なレポート形式が要求されますが、様々なタイプのレポートを作成して、レポートごとに共有先を指定できるため、レポート作業の時間を短縮することができます。

　SE Rankingの「レポートビルダー」では、自分のウェブサイトの順位と競合のウェブサイトの順位の推移をまとめたレポートや、Googleアナリティクスのトラフィックと平均順位を重ねたレポートなど細かいレポートセクションを組み合わせて自由にレポートを作成できます。

　そして毎週自動的にまとめてレポート送信する機能も搭載されています。

社内用のレポート

　社内の場合は上長向けの定例レポートやチームでSEOに取り組む場合の情報共有のためにレポートを作成しましょう。指定のメールアドレスに定期的にレポートを

送信できる機能もついています。

レポートのカスタマイズ機能で顧客向けレポート作成

制作会社やエージェン
シーの場合には、レポート
に自社のロゴを配置して
レポートをカスタマイズ
できます。

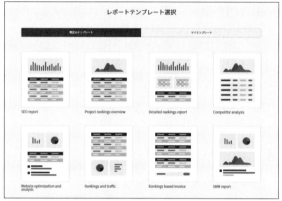

あらかじめレポート用のテンプレートも用意されている

複数のコンサルタントが各々クライアント企業を担当している場合、社内共通の
独自レポートテンプレートを作成して共有することもできます。テンプレートを作
成しておけば、わざわざプロジェクトごとにレポートのデザインを考えたり、内容を
カスタマイズしたりする必要はありません。

Googleデータポータルで順位データも共有

順位に関するデータに
ついては「SE Ranking
Rank Tracker コネクタ」
を検索して有効化すれば、
Google データポータル
で扱うことができます。

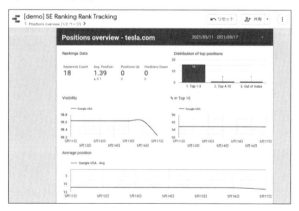

プロジェクトチーム全体で成果を共有して状況の理解が深まれば、SEOへの取り
組みも円滑に行う事ができます。

複数企業間でタスクや情報を共有するツール

SE Rankingでは、独自ドメイン上でSE Rankingをもとにした独自のプラットフォームをカスタマイズして、顧客と情報を共有できます。

ホワイトレーベル機能

SE Rankingのホワイトレーベル機能は、SE Rankingのプラットフォームに好きなロゴや配色を追加して、専用のプラットフォームのようにカスタマイズし、顧客向けのプラットフォームとして提供、情報を共有することができます。

自社ドメイン上でプラットフォームを提供

ホワイトレーベル機能では、以下のカスタマイズが可能です。

▶ ログイン画面＆インターフェイスのカスタマイズ・ブランド化

- ▶ 独自ドメイン上でツールを提供
- ▶ 自社Eメールアドレスからのレポート送信
- ▶ Eメールテンプレート設定

顧客や担当者用のサブアカウントを作成

専用のサブアカウントでは次のようなことが行えます。

- ▶ 顧客に対して閲覧権限のみの
  サブアカウントを作成
- ▶ 社内担当スタッフには編集権
  限も付与したアカウントを作成
- ▶ アクセス可能なセクション（機
  能）をサブアカウント別に制限
- ▶ アクセス可能なプロジェクトを
  サブアカウント別に制限

「ホワイトレーベル」と「ユーザーシート」を組み合わせることで、顧客とオンラインで打ち合わせする際やレポートを送る際にも簡単に情報を共有することができます。

マーケティングプランの活用

SEOに関するタスクはマーケティングプラン内で予め充実した内容が用意されています。この機能はSEOのチェックリストのようにも使えますが、顧客とのタスク管理に使用すると便利です。

以下の機能が利用できます。
- ▶ プロジェクト別に顧客とタスク
  を共有
- ▶ 手順に沿ってタスクを実施
- ▶ 独自のタスクを追加してプロジェ
  クト全体で共有も可能

第 **13** 章

初期の計画達成後の取り組み

既にマーケットのプロモーションに関する十分な知識がある場合は、プロジェクト立ち上げの当初から認知度を高める取り組みも実施できます。

広告に割り当てるコストやSEOに必要な稼働時間が予測できない場合は、まずは購入に近いファネルに対する施策を行い、そこから慎重に認知度を高める施策へ広げていきましょう。

認知度を向上させ、検索機会を増やして独自の市場を形成する

認知を広める方法は、オンライン施策以外にもTVやラジオCM、看板広告、チラシ、紙媒体の広告など様々な選択肢があります。ここではオンライン施策で考えられる認知度向上の方法について解説します。

顧客体験とクチコミ

顧客が購入した商品やサービスに感動して、クチコミでほかの人にも勧めてもらえるようなサイクルが出来上がると理想的です。そのクチコミからさらに認知が拡散していきます。

そのためには、プロモーション対象の商品やサービスが、市場で十分な差別化を図れていて、利用者の期待を超える体験を提供する必要があります。

様々な施策を実施しても、肝心の商品やサービスが利用者の期待を下回れば、否定的なクチコミが広がります。インターネット利用者の多くは、このようなクチコミを調べた上で購入します。

頻繁にインターネットを利用して購入する層は、自然なクチコミと自作自演の不自然なクチコミを見分けます。

商品によっては、世代や性別をまたぐプロモーションキャンペーンを実施して、このようなクチコミを意図的に発生させることもできます。

例えば、母の日、敬老の日、こどもの日、バレンタインデーなどの特別なイベントを利用したキャンペーンは一般的となっています。

新規市場開拓時に得られるもの

新規オンライン市場の開拓に成功すれば、先行者利益が得られます。それと同時にオンラインでは次のような副産物が得られます。

被リンク

- ▶ 直接のトラフィック元になる
- ▶ 検索エンジンの評価につながる

クチコミ

- ▶ 直接のトラフィック元になる
- ▶ 検索エンジンの評価につながる
- ▶ クチコミが拡散すればより多くの人々に認知される
- ▶ 購入者の判断基準の一つとなる

作成したコンテンツ

- ▶ 検索エンジンからのトラフィックを集める
- ▶ 購入の後押しとなる
- ▶ サポート負荷軽減につながる

検索エンジンの評価

- ▶ 特定の商品カテゴリ名で上位表示されやすい
- ▶ ブランド名が認識される

オンラインプロモーション施策の知見

- ▶ 効果的な広告を見つけている
- ▶ 効果的なコンテンツを掲載している
- ▶ 検索ユーザーや検索クエリの意図を把握している

顧客からのフィードバック

- ▶ 顧客が満足している点を把握している
- ▶ 顧客の不満を把握している
- ▶ 顧客の期待を把握している

これらは、いずれも蓄積していくことができる要素です。

先行者利益は検索上の評価においても確実に存在し、将来的に競争が激しくなる前に、そして市場を独占している間にこのような要素を多く蓄積していくことが重要となります。

仮にチャレンジャーが増えてきたとしてもそれまで蓄積してきた要素が多ければ多いほど、オンライン上の評価は覆されにくいものとなります。

そして、このような取り組みは、市販の調査ツールを使ったとしても、しばらくの間は競争相手に知られることはありません。

MEMO

購入した商品やサービスを満足した顧客を増やすことでクチコミは増えていきます。そしてこのような顧客と継続的に良好な関係を保つことで、顧客ロイヤルティが高まります。顧客ロイヤルティは顧客と自社ブランドとの信頼関係や愛着を示し、高めることでリピート購入の機会を増やすことにつながります。

オーガニック検索結果で認知度を向上

認知を高めるには、見込み客を含む検索ユーザーとの接点で、可能な限り最適化可能な要素を活用します。オーガニック検索では、SEOによって上位表示を達成できれば多くの人々が商品名やブランド名、独自の商品カテゴリ名を目にすることになります。

検索結果のタイトルや紹介文を活用する

検索結果に表示されるタイトルと紹介文の内容は比較的コントロールしやすい部分です。

❶商品ページのTitleとDescriptionを活用

認知を広めたい商品やサービスのページのTitleやMeta Descriptionに、その名称と特長を伝えるテキストを追加しましょう。

❷関連コンテンツのTitleとDescriptionを活用

ブログ上のハウツー記事など関連するコンテンツのTitleやMeta Descriptionを使って、認知度を広げたい商品やサービスの名称や特長を簡潔に紹介しましょう。名称だけでなく、商品の魅力とその商品の使い方なども含めて簡潔に伝えるようにしてください。

セールスファネルのとおりであれば、❷の関連コンテンツを見た後に❶の商品ページへ移動します。ファネルの文脈に沿ったテキストと関連ページを使うことで、特定のブランド名を知ってもらう機会が増えます。

見込み客との接点（Googleアナリティクスの新規ユーザー数）
見込み客獲得（無料トライアル申し込み数）
見込み客育成（活用方法説明件数）
顧客へ転換（購入件数）
顧客維持とロイヤリティ改善
（アップグレード件数）

リッチリザルトを活用する

オーガニック検索結果のリッチリザルト表示を使用しましょう。認知に応用できるリッチリザルトの機能は以下のとおりです。

- ▶ レビュー評価と件数
- ▶ 価格
- ▶ FAQ
- ▶ ハウツー

次の図ではMeta DescriptionとリッチリザルトのFAQを組み合わせて「Sitemap Creator」という商品を紹介しています。

SERP要素を活用する

認知に応用できそうなSERP要素としては次のようなものがあります。

- ▶ サイトリンク
  グローバルナビゲーションの変更。
- ▶ 動画検索結果
  YouTubeなどの動画コンテンツの活用。
- ▶ ショッピング結果
  「人気商品」ブロックでの表示を狙った対応。

ウェブページ上で認知度を向上

SERP上は見込み客と最初の接点を持つ場所ですが、その訪問先のウェブサイト上でも特定の商品やサービスの認知を高めることはできます。ウェブサイト訪問者の邪魔にならないように配慮しつつ、ページ上の適切な場所を見つけてアピールしましょう。

認知に適したページ

　特定の商品やサービスの認知を高めるために、ウェブサイトの全てのページで煩わしいインタースティシャル広告を使用すれば訪問者の利便性を損ねてしまい、販売や見込み客獲得、トラフィック、検索順位に悪影響を及ぼします。

　順位を下げるインタースティシャル広告の種類については以下のURLをご覧ください。

モバイル ユーザーが簡単にコンテンツにアクセスできるようにする

https://developers.google.com/search/blog/2016/08/helping-users-easily-access-content-on?hl=ja

インタースティシャル広告の例

煩わしいポップアップ

　検索エンジンと訪問者の利便性を考慮しつつ、ターゲット層が多く訪れるページに対して、適切な文脈で商品の魅力を伝えるようにしましょう。

例えば、ブログのハウツー記事や関連商品のページであれば、自然に商品をアピールすることができます。

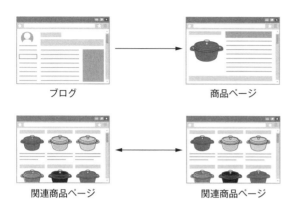

ブログ　　　　　　　　　　商品ページ

関連商品ページ　　　　　　　関連商品ページ

ページ内で認知に適した場所

認知を広めたい商品やサービスの名称や特長を含むCTAを関連するページ上に配置しましょう。

以下の例をご覧ください。

ページコンテンツ内で商品やサービスの使い方や効果も含める

文脈としては自然で認知に大きく貢献するだけでなく、商品ページに多くの訪問者を誘導できます。

透明性の高い情報を提供することで購入後の顧客の不満を減らし、満足度を高めます。ただし、検索意図から大きく逸脱するコンテンツになってしまえば、検索ユーザーの利便性を損ね、検索順位も下がるかもしれません。

ページから離脱するタイミングなどでポップアップメッセージを表示する

認知には貢献しますが、商品ページへの誘導率はポップアップメッセージの表示タイミングや大きさによります。強引すぎると検索ユーザーの利便性を損ね、検索順位も下がるかもしれません。

フッター付近にCTAを配置する

ほかの方法と比べると、認知にも誘導にも大きな効果は期待できませんが、ユーザーの利便性も大きく損なわれることはありません。

ビジネスによっては YouTube を活用することで、売上やトラフィック、認知度の向上に大きく貢献します。YouTube チャンネルを作って、視聴者に役立つ動画コンテンツを公開することで、YouTube や Google で検索される機会が増えます。

YouTube チャンネルを作成する

　スポーツや、英会話、音楽や楽譜などは、YouTube と相性が良い分野です。もちろんほかにも様々なビジネスで YouTube は活用されています。

　YouTube チャンネルを作成する場合は以下の URL へアクセスして手順に沿って手続きを行いましょう。

YouTube チャンネルの作成

https://support.google.com/youtube/answer/1646861?hl=ja

　チャンネルアイコン、チャンネルアートを設定し、チャンネルの説明を詳しく書きましょう。また、Twitter や Facebook 同様にブランドの雰囲気は統一しておくことをおすすめします。

　チャンネルの設置が完了したら、動画コンテンツをアップロードして、以下の要素で検索クエリに最適化します。

- ▶ タイトル
- ▶ 説明文
- ▶ ハッシュタグ
- ▶ プレビュー
- ▶ 説明文内にあなたのウェブサイトへのリンクを追加
- ▶ タイムラインの設定
- ▶ 該当するページに動画を埋め込み表示

　説明文やタイトル、タイムラインを追加して、認知度を向上させたい商品やサービス名とその特長を簡潔に記載しましょう。

　動画コンテンツと商品が関連するようであれば、動画内で直接その商品の特徴や

使い方も解説すると良いでしょう。

YouTube広告を活用する

YouTube広告は認知から見込み客の獲得までをカバーする様々な広告オプションが用意されていて、個人向けだけではなく、ビジネス向けの商材のプロモーションにも適しています（※Google広告のプラットフォーム上から利用できます）。

YouTube広告を利用している競合が少ないビジネス分野の場合には、動画コンテンツの作成費は必要ですが、クリック単価は少なくてすむため、YouTube経由のトラフィック獲得や認知度の向上に効果的です。

具体的には、ウェブサイトに訪問したことのあるターゲット層や、特定のクエリで検索したことのあるユーザー、特定のカテゴリに関心を持つ購買意向の強いセグメントに対してYouTube上で広告を掲載することができます。

認知を広げるには、広告動画はもちろん、広告見出しや説明文、画像を使って、商品名とその特長を簡潔に記述しましょう。
また、既にCVに結びついたユーザーに対しては広告掲載対象から除外しましょう。

検索広告で認知度を向上

新規市場を開拓して取り扱う商品やサービスの認知を上げるために、広告の活用も検討しましょう。広告は競合が少なければクリック単価も低く抑えられます。一方で全く検索需要が無ければ広告自体が表示されることはありません。

検索広告見出しと説明文を活用

検索広告の見出しと説明文のテキストを使って、認知を広げたい商品やサービスの名称やその特長を伝えましょう。

例えば次のような方法を検討します。

▶ インプレッション重視で広告掲載
認知用のキャンペーンを作成し、検索回数が多く競合が少ない検索クエリを見つけてクリック単価を低めに設定します。
「単価設定」の入札戦略から「目標インプレッションシェア」を選択して必要項目を設定しましょう。

既にCVに結びついたユーザーに対しては広告掲載対象から除外しましょう。

広告表示オプションをフル活用

検索広告では、広告表示オプションを使用することで見出しや説明文に記述できなかった情報を追加することができます。
このオプションを使用して認知を広げたい商品やサービスの名称を含めておきましょう。

サイトリンク

　広告にもサイトリンク表示のオプションが用意されています。認知を広げたい商品やサービス名とリンク先をここに必ず追加しましょう。

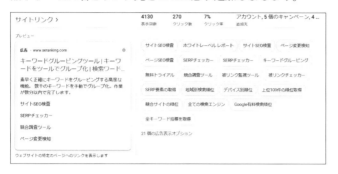

コールアウト

　広告の説明文の後ろに、コールアウトを追加します。テキストのみを含めることができ、リンクを含めることはできません。簡潔に商品やその特色をアピールできるため、認知を広げたい名称を追加してもよいでしょう。

構造化スニペット

　商品やサービスに関する特長をアピールすることができます。

　次のリストからヘッダーのカテゴリーを選択します。

> おすすめのホテル、コース、サービス、スタイル、タイプ、ブランド、モデル、学位プログラム、周辺地域、設備、到着地、番組

　その上で、カテゴリー内に含まれる値を追加します。例えば「サービス」のヘッダーを選択した場合には、提供サービスの種類を値に追加します。

画像

　広告に特定の画像を含めることができます。関連する広告にブランドロゴを表示させましょう。

ディスプレイ広告で
認知度を向上

アップロードした画像や設定した広告見出し、ロゴ、動画、説明文を自動的に組み合わせて生成されるレスポンシブディスプレイ広告と特定の画像を個別にアップロードして利用するイメージ広告の2種類の広告タイプがあります。

能動的な広告

　検索広告は、検索エンジンで特定のクエリで検索した際に表示される広告です。基本的には検索エンジン上の検索広告枠に表示されます。

　検索広告は検索ユーザーが検索というアクションを起こした際に表示されるため、能動的な広告といえます。

受動的な広告

　一方でディスプレイ広告はGoogleと提携して広告を表示しているウェブサイト、アプリ、そしてYouTube、Gmailに表示されます。

　ディスプレイ広告はウェブサイトを閲覧している際や、YouTubeを視聴している際、またGmailやアプリを利用している際に表示されるため、受動的な広告といえます。

　受動的な広告は様々なサービス上で掲載されるため、多くの人々にメッセージを伝えることができ、認知に適しているといえます。

使用するアセットをフルに活用する

　イメージ広告に関しては、アップロードして使用する画像自体に商品名やその特長を追加して伝える工夫が必要となります。広告に使用している個々の画像のパフォーマンスをプラットフォームの学習機能にまかせずに、自身で分析して広告を改善していく場合には、イメージ広告を使用することが多いかもしれません。

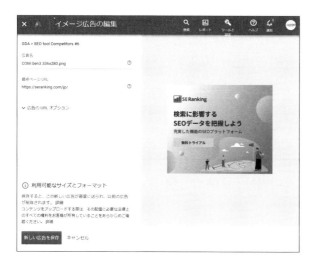

一方でレスポンシブディスプレイは比較的扱いやすい広告タイプです。広告見出し、ロゴ、動画、説明文を使って商品やサービスを含むブランドの認知を広げていきましょう。

ウェブサイトの訪問者や購買意向の強いセグメント、特定のクエリで検索したことのあるユーザー、特定のクエリに対して興味や関心、購入意向を持つユーザーをターゲットにすることもできます。

既にCVに結びついたユーザーに対しては広告掲載対象から除外します。

SNSを活用して認知度を向上

TwitterやFacebookなどのSNSの機能とウェブサイトを連携させることで、より多くの人に情報を届け、認知を広げることができます。企業用のSNSアカウントや専用ページを作成して、フォロワーに対してブログ記事や新着情報をツイートしていきましょう。

最新情報やブログ投稿はSNSを使って発信

最新情報やブログ投稿は、企業のTwitterやFacebookアカウントから発信しましょう。フォロワーに共有されるようなコンテンツを発信します。

事前に自身のビジネスで求められるタイムリーな情報が何かを把握しておきます。GoogleのSERPを逆手にとってその傾向を調べることができます。

1 SE Rankingにログインし、プロジェクトの「検索順位」セクションへ移動します。

2 「フィルタ」ボタンをクリックして、SERP要素から「Twitter」を選択し、「フィルタを適用」ボタンをクリックします。

3 GoogleのSERPでTwitterブロックが表示されているクエリのリストがわかります。

キーワード (1 - 6 / 6)		検索ボリューム	SERP要素	競合性	トラフィック予測	変動
twitter seo	GD	210		0.1	0	+1
seo 変動	GD	140		0	45.5	0
順位変動	GD	110		0	1.1	+6
seo 順位変動	GD	90		0.2	15.8	+1
検索順位 変動	GD	50		0.1	16.3	+1
seo情報ブログ	GD	30		0	0	+15

　この場合でいえば、SEOの順位変動やSEO情報に関するブログ記事はSNSで発信する情報として適しています。実際に掲載されているツイート内容も把握しましょう。

　このようなクエリに関連するトピックについては、SNSで積極的に最新情報を扱うと共有される可能性が高まります。

ページが共有された際に表示を目立たせる

　TwitterやFacebookで第三者からページが共有された場合には、次の図のように目立たせることが可能です。

　TwitterであればTwitterカード、FacebookであればOGP設定をページに対して追加しておきましょう。

　ブログ記事に共有ボタンを配置することも共有を促す方法としては一般的です。

　また、企業のSNSアカウント上やプロフィールページ上で、認知度を高めたい商品とその特長も紹介しましょう。

SEOは見込み客獲得や販売だけでなく、アフターケアやサポートにも貢献します。顧客に対して十分なサポートやコンテンツを提供し、顧客のフィードバックをもとに商品やサービス改善に役立てることでロイヤルカスタマーも増えていくでしょう。

顧客にストレスを感じさせない

　顧客からすれば、購入した商品やサービスによって、簡単に目的を達成することができれば満足や信頼につながります。

　商品やサービスがシームレスに扱えて、簡単に目的を達成できれば理想的ですが、活用に関して不明な点やつまずいてしまう点があった場合、顧客はすぐに問題を解決できるコンテンツが用意されていることを期待します。

　どちらも用意されていなければ、使いにくさや不満を感じるでしょう。

　電話やEメールによるカスタマーサポートを提供している場合、顧客が直面する問題の解決方法に簡単にアクセスできるようにすることで、顧客のストレスを取り除き、利便性を高めることにつながります。

　また、電話やEメールのサポート件数が多い質問に対しては、ウェブサイトのヘルプコンテンツやFAQを充実させることで、サポート負荷の軽減にもつながります。

　顧客自身でヘルプやFAQコンテンツを見つけて解決する場合もあれば、サポート部門が顧客に対して丁寧に説明するために、ヘルプやFAQコンテンツを活用することもできます。利用できる情報が多いほど、サポート部門のパフォーマンスも向上するでしょう。

顧客の声や行動を把握する

　商品やサービスに関して調べる際に顧客が使用しているクエリを確認するには、以下の2つの方法があります。

Search Consoleを活用
　Search consoleの「検索パフォーマンス」から、ブランドクエリとともに使用され

る単語を確認し、顧客が調べたい内容を把握します。

Search Consoleの場合は、リストアップされる検索クエリに上限があるため、サイトの規模によっては不十分かもしません。

Google広告の検索語句レポートを活用

ブランドクエリを対象に検索広告を表示している場合には、キーワードの検索語句の内容を確認して、顧客が調べたい内容を把握することができます。

評判を検索しているケースや、ほかの商品との比較を探しているクエリも含まれます。顧客が必要とするコンテンツを準備して提供しましょう。コンテンツを準備して提供しましょう。

直接の問い合わせ内容を分析する

正式な問い合わせ先窓口以外から寄せられる問い合わせに対しては、回答しない企業も多いですが、積極的に顧客の意見を参考にして商品やサービスを改善するのであれば、インターネット上に公開されている顧客の声にも耳を傾ける必要があります。

カスタマーサポート部門で受ける頻度の高い問い合わせを把握して、ウェブサイト上でFAQコンテンツを作成することで、サポート負荷や顧客のストレス軽減につながります。

構造化データで「よくある質問」を適切にマークアップすることで、検索結果上に直接質問と回答を掲載することもできます。

構造化データを使用して「よくある質問」をマークアップする

https://developers.google.com/search/docs/advanced/structured-data/faqpage?hl=ja

顧客によっては、SNSや質問掲示板、Googleビジネスプロフィール上で取り扱う商品やサービスに関して質問をする場合もあります。

可能な限り親切、丁寧に対応することでブランド価値を高めることができます。

逆に無視し、不適切な対応をすれば、ブランド価値を損なってしまうこともあります。

このようにして集めた顧客の質問はコンテンツ作成に活用するだけでなく、ユーザーの利便性向上のために製品開発部門にも定期的にフィードバックしましょう。

SEOはマーケティングの
一部ではなく事業そのもの

長期間お読みいただきありがとうございます。SEOは様々な部門と関わり、その影響は売上のみにとどまりません。本書があなたのチーム内の協力やSEOへの理解を引き出す力となり、ビジネスの発展のお役に立てるようであれば嬉しいです。

SEOは検索ユーザーや見込み客、顧客を理解して改善する取り組み

SEOはセールスファネルの全ての段階で必要とされる施策で、ここまで説明してきたとおり、様々な施策が存在します。様々な施策が存在します。

ビジネスや市場、ターゲット層によって、これらの施策を組み合わせた戦略的な取り組みを行うことで、ブランド価値を高めてビジネス全体を発展させていくことができます。

見込み客との接点(Googleアナリティクスの新規ユーザー数)

見込み客獲得(無料トライアル申し込み数)

見込み客育成(活用方法説明件数)

顧客へ転換(購入件数)

顧客維持とロイヤリティ改善
(アップグレード件数)

ファネルの各段階でターゲット層が期待すること、疑問を持つことを理解し、着実に理解と信頼を深めながら顧客へと転換させ、ロイヤルカスタマーを増やしていくグランドデザインが必要となります。

インターネット上の情報は、大抵は信頼できない情報が多いのも事実です。

ターゲット層の信頼は簡単には獲得できません。

提供する情報としては、商品やサービスの特長はもちろん、一般的には抵抗があるかもしれませんが、その商品やサービスでできることとできないこと、注意点、よくある質問、不満につながりやすい点をあらかじめ伝えることも大切です。

情報の透明性が高いほど、そもそも低いインターネット上での信頼度を高めていくことができます。

逆に、販売だけに集中していれば、物事の本質を見失い、売り上げは上がっても顧

客の不満や悪い評価が蓄積され、最終的にはブランドを維持していくことが困難となります。

　ターゲット層がインターネット上で商品やサービスを調べる際に、企業によって都合の良い情報しか公開されていないようであれば、不都合な情報を隠しているのではないかと疑いを持つはずです。

個人で行う一過性の取り組みから長期的かつ組織的な運用へ

　SEOは個人で行うには限界があります。継続的に効率的に運用していくには、関連する様々な部門と連携を取りながら進めていかなくてはなりません。

- ▶ 質の高い新規顧客の開拓（営業部門と共有）
- ▶ ユーザーフレンドリーなウェブサイトやサービスの提供（エンジニアと共有）
- ▶ 顧客ロイヤリティ改善とサポート負荷軽減（サポート部門と共有）
- ▶ 検索需要や競合の調査（商品開発やマーケティングと共有）

　SEOチームや担当者に求められるスキルは多岐にわたります。SEOの知識のみを持つ担当者では、ビジネスを深く理解しているほかの部門との調整や交渉は難しいでしょう。規模は小さくても多くの部門とのコミュニケーションが必要となるプロダクトの進行管理経験を持つ担当者が適しているかもしれません。

　または、そのような経験を持つスタッフからの強力なサポートを得られれば、取り組みはかなりスムーズになります。

最新のSEO情報を定期的にチェックする

　あなたが関わる商品やサービスだけが、顧客の意図を理解してビジネスを発展させているわけではありません。Googleやそのほかの検索エンジンも同様にユーザーの利便性を求めて進化していきます。ここで紹介するウェブサイトでSEOに関する最新情報を定期的にチェックするようにしましょう。

Google 検索セントラル ブログ
https://developers.google.com/search/blog?hl=ja
Search Engine Roundtable（英語）
https://www.seroundtable.com/

おわりに

　本書の締め切り前日に急遽あとがきを追加することになり、月末の請求書処理や顧客からのGW前の問い合わせに回答しながら（遠回しに嫌々書いているとぼやいているわけではありません）、筆でもペンでもなく、キーボードをとって冷静に振り返ってみると、実は想定外の出来事ばかりの日々を経験してきたということに気が付きました。

　IT分野の発展も目まぐるしいものではありますが、本書に取り掛かり始めたときは、新型コロナウイルス真只中です。このときは近しい顧客や知人、家族のビジネスもその影響を受け、このようなときに人の役に立てなければ今まで経験してきたことは無価値とすら思い、知識と労力の全てを注いで支援を行いました。

　パンデミックに適したプロモーションやビジネスに適応しながら結果的に周囲のビジネスもどうにか乗り越えられそうで安心していた矢先に、ウクライナにロシア軍が攻め込むというニュースがチャットで届きました。

　連絡をくれたのは、もう5年ほどの付き合いとなるSE Ranking社の担当者で彼女自体は昨年別の国に引っ越したため難を逃れていますが、多くのスタッフがウクライナに残されている状況で狼狽した様子でした（SE Rankingはグローバルな企業ですが、ウクライナにもオフィスがあります）。そして数週間後にSE Rankingのタチアナさんが二人のお子さんとともに、キーウ（キエフ）近郊のイルピンでロシア軍の砲撃を受け亡くなるという悲しいニュースがTwitterから流れてきました。誰も平静ではいられませんでした。

　この後、SE Rankingは企業として別の国で、避難したスタッフの住居を手配し、事業を継続しています。戦争自体も膠着状態で、終わりは見えない状況です。

　このような状況でもSE Rankingはビジネスを継続し、ユーザーの価値を提供しつづけ、また、本書の執筆にも多大なる協力を頂いています。とても人間的に正直でタフな企業です。

　SE Rankingの国内外問わず、日本のユーザーの方々もSE Rankingにフレンドリーで協力的です。多くの応援のメッセージを頂戴し、ときには新しい機能のテストにも積極的に参加いただき、有益なフィードバックを提供していただけます。想像できないことばかりが起こる状況であっても、プラットフォームとユーザーとの間で信頼関係を築いていけるビジネスと直接的に関わることができ感謝しています。

　このような人々との関わりや培ってきた経験をお伝えすることで、皆様のビジネスに多少なりともお役に立てるようであれば嬉しいです。

2022年4月

野澤洋介

索引

≡ 著者紹介 ≡

野澤洋介（のざわ・ようすけ）

株式会社アレグロマーケティング　代表取締役社長。
法政大学工学部システム制御工学科卒。PCソフトウェアパブリッシャーにてサポート・営業・プロダクトマネジメントおよびマーケティング部門など幅広いポジションを経験。2011年アレグロマーケティングを設立し、企業向けSEO支援ツールを主軸とした製品展開を行いつつ、ブログやセミナーを通してインハウスSEOの取り組み方を解説。著書に『最強の効果を生み出す 新しいSEOの教科書』（小社刊）。

https://www.allegro-inc.com/

装丁	シノ・デザイン・オフィス
本文デザイン・DTP	株式会社マップス
本文イラスト	平井千麻
編集	伊東健太郎

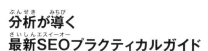

<ruby>分<rt>ぶんせき</rt></ruby>析が導く
最新<ruby>SEO<rt>さいしんエスイーオー</rt></ruby>プラクティカルガイド

2022年6月9日　初版　第1刷発行

著　者	野澤 洋介（のざわ ようすけ）
発行者	片岡 巖
発行所	株式会社技術評論社
	東京都新宿区市谷左内町21-13
	電話 03-3513-6150　販売促進部
	03-3513-6185　雑誌編集部
印刷／製本	日経印刷株式会社

ISBN978-4-297-12828-9　C3055
Printed in Japan

■お問い合わせについて

本書の内容に関するご質問は、小社ホームページにて本書のお問い合わせページから、もしくは下記の宛先までFAXまたは書面にてお送りください。お電話によるご質問、および本書に記載されている内容以外のご質問には、一切お答えできません。あらかじめご了承ください。

住所
〒162-0846 東京都新宿区市谷左内町21-13
株式会社技術評論社 書籍編集部
『分析が導く 最新SEOプラクティカルガイド』質問係
Fax　03-3513-6181
お問い合わせページ　https://book.gihyo.jp/116
サポートホームページ　https://gihyo.jp/book/
（上記QRコードで直接本書の案内ページにアクセスできます）

なお、ご質問の際に記載いただいた個人情報は質問の返答以外の目的には使用いたしません。また、質問の返答後は速やかに破棄させていただきます。